Nanotecnologia em
embalagens

Blucher

Graham Moore

Nanotecnologia em **embalagens**

Volume 2

Tradução
Edison Zacarias da Silva
Físico e professor do Instituto
de Física da Unicamp

Título original:
Nanotechnology in packaging

A edição em inglês foi publicada
pela Pira International Ltd

Copyright 2004© Pira International Ltd
© 2010 Editora Edgard Blücher Ltda.

Blucher

Edgard Blücher *Publisher*
Eduardo Blücher *Editor*
Rosemeire Carlos Pinto *Editor de Desenvolvimento*

Edison Zacarias da Silva *Tradutor*
Fabio Mestriner *Revisor Técnico*
Henrique Toma *Revisor Técnico*

Adair Rangel de Oliveira Junior *Revisor Técnico Quattor*
Danielle Lauzem Santana *Revisora Técnica Quattor*
Yuzi Shudo *Revisor Técnico Quattor*
Marcus Vinicius Trisotto *Revisor Técnico Quattor*
Martin David Rangel Clemesha *Revisor Técnico Quattor*
Selma Barbosa Jaconis *Revisora Técnica Quattor*

Know-how Editorial *Editoração*
Marcos Soel *Revisão gramatical*
Lara Vollmer *Capa*

Segundo Novo Acordo Ortográfico, conforme 5. ed.
do Vocabulário Ortográfico da Língua Portuguesa,
Academia Brasileira de Letras, março de 2009.

Rua Pedroso Alvarenga, 1245, 4º andar
04531-012 – São Paulo – SP – Brasil
Tel 55 11 3078-5366
editora@blucher.com.br
www.blucher.com.br

É proibida a reprodução total ou parcial por quaisquer meios,
sem autorização escrita da Editora.

Todos os direitos reservados pela Editora Edgard Blücher Ltda.

Dados Internacionais de Catalogação na Publicação
(Câmara Brasileira do Livro, SP, Brasil)

Moore, Graham
   Nanotecnologia em embalagens / Graham Moore;
tradução: Edison Zacarias da Silva. São Paulo : Editora
Blucher, 2010.

   Título original: *Nanotechnology in packaging.*

   ISBN 978-85-212-0446-6

   1. Embalagens 2. Nanotecnologia I. Título.

86-6307   CDD-620.5

Índice para catálogo sistemático:
1. Nanotecnologia em embalagem: Tecnologia   620.5

A grande finalidade do conhecimento
não é conhecer, mas agir.

Thomas H. Huxley

Dedicamos o resultado deste trabalho a toda a cadeia produtiva
de embalagens: fornecedores de matéria-prima, indústria,
transporte e fornecedores de embalagens, indústria gráfica
e usuários, que, a partir desta experiência, contarão com
mais subsídios para usufruto e inovação na produção
e no consumo das embalagens.

Agradecemos a todos que se envolveram no processo de pesquisa
e desenvolvimento da Coleção Quattor, em especial as empresas
Editora e Gráfica Salesianas, Editora Blucher,
Gráfica Printon, Vitopel, EBR Papéis,
Know-How Editorial e Gráfica Ideal.

Agradecemos em especial a dedicação incondicional
de Roberto Ribeiro, Andre Luis Gimenez Giglio, Armando Bighetti e
Gustavo Sampaio de Souza (Quattor), Sinclair Fittipaldi (Lyondell Basell),
José Ricardo Roriz Coelho (Vitopel), Marcelo Trovo (Salesianas),
Renato Pilon (Antilhas), Celso Armentano e
Gerson Guimarães (SunChemical do Brasil),
Fabio Mestriner (ESPM), Douglas Bello (Vitopel),
Sr. Luiz Fernando Guedes (Printon),
Sr. Renato Caprini (Gráfica Ideal),
e aos editores Eduardo Blucher e
Rosemeire Carlos Pinto (Editora Blucher).

prefácio da
edição brasileira

Imagine a sua vida sem as embalagens: todos os produtos vendidos a granel, expostos em prateleiras e sem identificação do fabricante ou data de validade.

Impossível? Certamente. Pela relação vantajosa mútua, produto e embalagem assumiram uma relação de simbiose. Arriscamo-nos a dizer que a quase totalidade de transações comerciais atuais não ocorreria sem a presença das embalagens e sem o seu constante aperfeiçoamento. Os prejuízos seriam incontáveis, não somente do ponto de vista financeiro mas também da saúde pública e da conveniência e conforto para nossas vidas.

É longa e criativa a trajetória humana no campo das embalagens. Das demandas iniciais até a sofisticação atual, voltada ao atendimento dos setores comercial e de transporte de produtos, contam-se mais de 200 anos. Da primeira folha vegetal *in natura* e das caixas de madeira, passando por artísticos potes de cerâmica, latas e vidros de alimentos, até a profusão de materiais empregados atualmente, inclusive com apoio da nanotecnologia, muito se experimentou e se descobriu. Um dos mais bem-sucedidos exemplos dessa trajetória diz respeito às embalagens plásticas, que vêm revolucionando e contribuindo para a geração de valor das diversas cadeias em que estão presentes, proporcionando mais segurança aos usuários, além de aumento do *shelf-life*.

Pesquisas brasileiras indicam que 85% das escolhas do consumidor são feitas no ponto de venda, apoiadas no binômio marca-fabricante, mas de forma associada a outro: design–apelo visual, características facilmente alcançadas quando a embalagem incorpora a nobreza do plástico. Da mesma forma que o plástico influencia a decisão de compra, influenciou a Quattor a celebrar esta parceria com a Editora Blucher, para trazer ao mercado a Coleção Quattor Embalagens que, além disso, cumpre o importante papel de minimizar a lacuna bibliográfica brasileira sobre o tema.

A Coleção Quattor Embalagens é formada por cinco volumes: *Embalagens flexíveis*, *Nanotecnologia em embalagens*, *Materiais para embalagens*, *Estudo de embalagens para o varejo* e *Estratégias de design para embalagens*. O leitor ou o pesquisador interessado está na iminência de iniciar uma verdadeira viagem por um dos mais importantes setores da economia mundial.

Bem-vindo ao mundo da Nova Geração da Petroquímica: o melhor em matérias-primas para produção de embalagens, o melhor em informação para produção de conhecimento.

Marco Antonio Quirino *Armando Bighetti*
Vice-Presidente Polietilenos Vice-Presidente Polipropilenos

prefácio da
edição americana

No Brasil, o setor de embalagem já possui considerável representatividade. Nossas atividades na área são reconhecidas internacionalmente (seja na tecnologia desenvolvida, seja no design de embalagem), o que resultou no recebimento das principais premiações desse mercado.

Isso se deve ao fato de o padrão competitivo da indústria brasileira de embalagem ser estabelecido pelas empresas líderes mundiais do setor, as quais estão instaladas no País. Basta observar que, entre as 20 maiores empresas mundiais do segmento, apenas duas não possuem fábricas instaladas no Brasil.

A presença dessas empresas eleva o nível de competição no mercado de embalagem. Assim, tanto as empresas nacionais como as multinacionais precisam se atualizar constantemente e manter um alto nível de conhecimento técnico para alcançar uma posição de destaque.

Nesse sentido, a iniciativa da Editora Blucher e da Quattor, ao lançarem no Brasil os livros da Pira, na forma de uma coleção, reveste-se de grande significado, uma vez que essa instituição inglesa tem se dedicado ao estudo e à pesquisa na área, além de ter, entre seus autores, especialistas de renome.

Em um momento no qual estamos dedicados a implantar cursos de graduação para formar uma geração de profissionais capazes de enfrentar os novos desafios do setor, a chegada de uma bibliografia de referência ganha uma importância ainda maior. Na Coleção Quattor Embalagem, as novas gerações e os profissionais que já atuam no mercado encontrarão uma fonte de conhecimento de alta qualidade, a qual certamente os ajudará a progredir em suas carreiras e a abrir horizontes para o aperfeiçoamento de suas atividades.

É importante lembrar que sempre que um novo livro técnico como este chega ao mercado provoca reações, estimula o estudo e incentiva novos autores a se aprimorarem no assunto, aprofundando seus conhecimentos e gerando, no futuro, novas publicações. É assim que o acervo tecnológico de uma nação vai se formando.

O Brasil precisa de boas embalagens para agregar valor e melhorar a competitividade de seus produtos nos mercados interno e externo. Precisamos também de boas embalagens para reduzir a perda de alimentos entre a lavoura e a mesa do consumidor, a qual supera hoje cerca de 30% de tudo o que é produzido no campo.

É assim que a *nanotecnologia*, por suas características de vanguarda tecnológica, propicia a geração de novos materiais e a melhoria dos materiais já existentes, e traz uma grande contribuição para o desenvolvimento de embalagens mais econômicas e eficientes em suas funções, que permitem levar os mais diversos produtos a lugares cada vez mais longínquos, preservando seu conteúdo por mais tempo, reduzindo a perda de alimentos e democratizando o acesso dos consumidores, mesmo os provenientes de lugares distantes, aos produtos da nossa indústria.

Fico feliz em apresentar esta obra e o faço com a certeza de que todos aqueles que a ela tiverem acesso encontrarão a informação, o conhecimento e o estímulo necessários para se atualizar profissionalmente e desenvolver ainda mais seus estudos.

Fabio Mestriner

Professor-coordenador do Núcleo de Estudos da Embalagem da Escola Superior de Propaganda e Marketing (ESPM) e professor do Curso de Pós-graduação em Engenharia de Embalagem da Escola de Tecnologia Mauá.

nota do
tradutor

Este pequeno livro sobre nanociência e, mais especificamente, sobre nanotecnologia tem como foco principal aplicações já em desenvolvimento, ou que estão chegando ao mercado, voltadas para as indústrias de papel e embalagens. Consequentemente, enfoca também o papel de tintas e revestimentos, mostrando que técnicas desenvolvidas nessas áreas podem beneficiar a produção de circuitos moleculares a partir de técnicas de impressão.

No Capítulo 1, a nanociência e a nanotecnologia são apresentadas, estabelecendo-se as diferenças entre essas duas ciências, as principais áreas temáticas que elas devem explorar e em que aspectos diferem da pesquisa anteriormente feita. Apresentam-se também as áreas que tornaram a nanociência uma realidade, e que poderão possibilitar um grande salto no tocante a soluções e produtos, por meio da incorporação da nanotecnologia à produção de bens e produtos.

No Capítulo 2 são discutidas aplicações comerciais da nanociência, apresentando-se algumas de suas ferramentas mais importantes, como os vários tipos de microscópios, as técnicas de litografia e as simulações computacionais. Em seguida, discute-se a utilização de novos materiais, por exemplo, nanotubos de carbono, nanopartículas lamelares, nanocompósitos poliméricos. Nesse contexto, são analisadas as principais aplicações da nanotecnologia nas indústrias de papel, de tinta para impressão e de embalagens, as quais usam todos esses elementos visando incorporar mais valor ao produto a partir de novas funcionalidades, como sensores para detecção da qualidade do produto, nanocódigos de barras para evitar falsificação, permitir rastreamento do produto e facilitação de inventários etc. Nesse processo, o livro apresenta soluções para um segmento da indústria que podem ser usadas em outro setor, algumas vezes causando grande inovação ou trazendo melhorias ao produto. Tudo isso é feito por meio de estudos de casos que exemplificam os problemas e as soluções propostas, além de apontar as empresas que estão em processo de colocação no mercado desses produtos que incorporam nanotecnologia.

O Capítulo 3 discute os caminhos para a realização, em que as metas de curto, médio e longo prazos são apresentadas e discutidas.

Já o Capítulo 4 traz um resumo das empresas que têm produtos desenvolvidos com base na nanotecnologia, com a descrição dos seus principais produtos.

Finalmente, o Capítulo 5 comenta perspectivas para o futuro.

Este livro apresenta, para o público em geral, exemplos do uso da nanociência e da nanotecnologia, além de ser útil para uma parcela de profissionais de várias indústrias que poderão ser afetadas significativamente pela incorporação de soluções da nanotecnologia a produtos e processos. Como afirma o autor, poucas serão as indústrias que, no futuro, não recorrerão à nanociência e à nanotecnologia, pois o fato de não estarem abertas a essas inovações e oportunidades pode tirá-las do mercado em que atuam.

Edison Zacarias da Silva
Físico e professor do Instituto de Física da Universidade de Campinas (Unicamp),
seu trabalho de pesquisa é voltado para simulações computacionais
aplicadas à matéria condensada e à nanociência.

conteúdo

Sumário executivo xix
Lista de figuras xxv
Lista de tabelas xxvii
Abreviações e acrônimos xxix

1 A evolução da nanotecnologia 1

Áreas temáticas 3
  Ciência de materiais 4
  Eletrônica e optoeletrônica 4
  Ciência biomédica 6
Resumo 7

2 Aplicações comerciais 9

Ferramentas 10
  Microscópios 10
  Nanoimpressão (litografia suave) 11
  Nanolitografia 12
  Nanoxerografia 14
Materiais avançados 15
  Novas formas de carbono 17
  Nanopartículas 20
  Nanocompósitos 22
  Materiais nanoestruturados produzidos por automontagem 33
  Pontos e fios quânticos 35
Eletrônica e tecnologia da informação 39
  Optoeletrônica 40
  Fotônica 40
  Plásticos condutores 40
Meio ambiente e energia 43

Embalagens 46
  Aplicações de nanocompósitos 47
  Aplicações em etiqueta e traçadores 53
  Embalagens com nanossensores 54

3 Caminhos para a realização 57

Escalas de tempo 58

4 Iniciativas comerciais 63

BASF 63
California Molecular Electronics Corp. 64
Cima NanoTech 64
Degussa 65
E Ink 65
Eka Chemicals 66
Evident Technologies 66
Hybrid Plastics 67
Hyperion Catalysis 68
IMEC 68
Inframat Corporation 69
NanoProducts 69
Nanocor 70
Nano-Tex 70
Nanomix 71
NanoTech Coatings 72
Nanoplex 72
Nanosolutions 73
Nanospectra Biosciences 73
NanoScape 74
Ntera 74
Plastic Logic 75
QinetiQ Nanomaterials 75
Quantum Dot Corporation 76
Süd-Chemie 76
Triton Systems 77

5 Desenvolvimentos futuros 79

sumário
executivo

A nanotecnologia é utilizada livremente para descrever a manipulação de átomos e moléculas a fim de criar estruturas com aplicação no mundo real. É uma disciplina emergente que aplica princípios da nanociência à criação de produtos e proporciona um enfoque radicalmente novo ao processo produtivo. Poucas indústrias escaparão à influência da nanotecnologia nos próximos anos. Ela viabilizará meios para vencer barreiras bem entendidas e previstas, objetivando melhorar as tecnologias correntes.

A nanotecnologia é de interesse global e tem atraído mais financiamentos públicos que qualquer outro segmento de tecnologia, por ser uma área de pesquisa e desenvolvimento verdadeiramente multidisciplinar. A contribuição da nanotecnologia não se fará isoladamente das outras áreas de rápido desenvolvimento na ciência. Em particular, avanços em biologia, biotecnologia, tecnologia da informação e nanotecnologia se reforçarão mutuamente em sinergia.

O impulso principal em nanociência e nanotecnologia está nas áreas de:

- ciência de materiais;
- eletrônica e optoeletrônica;
- ciência biomédica.

O estudo da ciência de materiais está fundamentado em muitos programas de pesquisa. A melhoria no controle de estruturas em escala nanométrica e o melhor entendimento das relações entre estrutura e propriedades serão importantes para o desenvolvimento de materiais com maior relação resistência-peso, ou com funcionalidade melhorada. Outras áreas nas quais nanociência e nanotecnologia estão contribuindo para a ciência de materiais são:

- *Novas formas de carbono:* descobertas em 1985, fornecem hoje as bases para novos desenvolvimentos em nanotecnologia.
- *Nanopartículas:* já estão influenciando um grande número de produtos e serviços. Além disso, possuem o potencial de novos desenvolvimentos.
- *Nanocompósitos:* a introdução de materiais compósitos, como plásticos reforçados, vidro e carbono, tem permitido a obtenção de novos materiais com desempenho muito superior ao dos convencionais.

A maioria dos equipamentos eletrônicos já está se aproximando da nanoescala. Melhorias na tecnologia da produção de circuitos integrados para unidades de processamento e circuitos integrados (*chips*) de memória continuarão a ser feitas e incorporarão os progressos da nano-tecnologia. Áreas de particular interesse incluem:

- *Optoeletrônica de semicondutores:* interação entre eletrônica e luz e conversão de sinais que carregam informação entre as duas mídias.

- *Fotônica:* descrita como optoeletrônica, possui menos eletrônica e mais controle da propagação da luz.

- *Memória e armazenamento de dados:* o avanço na capacidade de armazenamento tem sido muito rápido – dos cartões perfurados às fitas magnéticas e discos.

- *Novos métodos para entrada e saída de dados:* nanociência e tecnologia levarão a sensores menores e mais sensíveis.

- *Plásticos condutores:* polímeros semicondutores são usados como materiais ativos para produzir circuitos lógicos e mostradores.

- *Eletrônica molecular:* uma maneira de ultrapassar os limites de resolução da litografia seria o uso de moléculas condutoras, como fios e elementos dos componentes ativos.

A ciência biomédica desperta a atenção pública, pois combina a evolução incremental com a altamente futurística. Algumas áreas em que pode ser aplicada são:

- fornecimento de drogas;

- engenharia de tecidos;

- laboratório-no-*chip*, isto é, sistemas de sensores integrados em um *chip*.

Alguns dos dilemas sociais e éticos decorrentes da ciência e da tecnologia em nanoescala terão sua origem no sucesso dessa área.

Apesar da quantidade significativa de pesquisas feitas nos últimos 20 anos, o número de realizações comerciais em nanotecnologia é pequeno. O desafio de encontrar e reconhecer aplicações comerciais para as pesquisas realizadas é um dos maiores problemas para o progresso da nanotecnologia. Algumas transferências do laboratório para o mercado já aconteceram, porém a maioria dos nanoprodutos presentes no mercado é aplicada a trabalhos científicos por pesquisadores que atuam na área. O mercado atual é pequeno e concentrado principalmente em nichos, mas cresce de modo rápido. Foi estimado em US$ 385 milhões por ano nos EUA, podendo atingir US$ 3,5 bilhões em 2008 e US$ 20 bilhões em 2013[1].

Pequenas empresas estão na vanguarda da área de pesquisa e desenvolvimento (P&D). Algumas dessas empresas, particularmente as envolvidas com nanomateriais, têm formado alianças de mercado e desenvolvimento com grandes empresas químicas e fornecedores de plásticos. Grande parte do potencial de transformação da nanociência em produtos viáveis e úteis poderá acontecer nos próximos 20 anos.

As aplicações são variadas e crescem cada vez mais, tornando-se capazes de abranger desde aplicações espaciais e militares até a medicina e cosméticos. Elas podem ser divididas em várias áreas:

- ferramentas de P&D;

- materiais avançados;

- eletrônica e tecnologia da informação (TI);

- meio ambiente e energia;

- embalagem.

Uma das principais barreiras técnicas à comercialização é o desenvolvimento de processos de produção em larga escala e a redução de custos dos nanomateriais.

---

[1] Nota do revisor técnico: estimativas recentes já superam US$ 1 trilhão na próxima década.

Uma variedade de ferramentas e técnicas foi desenvolvida em paralelo à evolução da nanociência, tais como:

▸ microscopia de varredura por sonda;

▸ técnicas de molécula única;

▸ nanolitografia;

▸ litografia de feixe de elétrons e bombardeamento focalizado de íons;

▸ técnicas precisas de revestimento de fremes com espessuras muito finas;

▸ litografia suave;

▸ simulações por computador.

Entre essas, a microscopia de varredura por sonda e a litografia suave são as mais importantes.

Nanociência e nanotecnologia têm revitalizado a ciência de materiais e proporcionado o desenvolvimento e a evolução de uma gama de novos materiais por meio do controle da nanoestrutura. Materiais em escala nanométrica exibem fundamentalmente novos comportamentos à medida que seus tamanhos diminuem em relação ao tamanho crítico associado a uma dada propriedade. A intervenção nas propriedades de materiais na nanoescala permite a criação de materiais e dispositivos com desempenho e funcionalidade não previstos anteriormente. Tais nanoestruturas, como as exibidas por recobrimento, pós, dispersões e compósitos, ajudarão a revolucionar uma série de setores da indústria por meio de diferentes produtos.

A nanotecnologia tem o potencial de prover novos métodos de manufatura para permitir a miniaturização de componentes da próxima geração de computadores. Técnicas como a da litografia e da montagem *bottom-up* (de baixo para cima) até a formação de componentes em nanoescala por automontagem poderiam produzir circuitos em microescala mais efetivos e baratos. Nanotubos de carbono, por serem condutores ou semicondutores, serão usados em TI e ainda podem ser aplicados em dispositivos de memória e de armazenamento.

A nanotecnologia também pode ser utilizada para desenvolver filtros mais eficientes e efetivos para o tratamento de água, pois substâncias dispersas podem ser fixadas e floculadas com sílica e, assim, removidas da água mais eficientemente. Uma membrana para purificação de água e com propriedade autolimpante, reduzindo contaminações, pode ser desenvolvida a médio prazo. Tais alternativas, particularmente para água, têm potenciais aplicações nas indústrias de celulose e papel, em que a recirculação do processo de lavagem e a minimização do uso da água são considerações da maior importância.

Demandas no setor de embalagens estão mudando continuamente, influenciadas por uma variedade de fatores, desde aumento de funcionalidade até melhorias em aspectos econômicos e ambientais. A utilização da nanociência e da tecnologia está auxiliando o desenvolvimento de matéria-prima e aplicações de alta tecnologia para embalagem.

A nanotecnologia pode promover as seguintes melhorias nas matérias-primas utilizadas em embalagens:

▸ *Aplicabilidade:* aumento nas aplicações de embalagem em novas áreas, devido à melhoria nos recursos/tecnologias de empacotamento.

▸ *Durabilidade:* melhoria na durabilidade de materiais e aumento da vida útil do produto embalado.

▸ *Marca:* incorporação de características especiais à embalagem, com o intuito de promover sua identificação.

nanotecnologia em **embalagens**

xxiv

▸ *Adição de valor:* desenvolvimento de materiais com novas características, atribuindo às embalagens maior valor agregado.

O desenvolvimento de nanocompósitos para aplicações em embalagens está ganhando destaque à medida que oportunidades oferecidas por tais tecnologias são identificadas e implementadas. A geração atual de materiais nanocompósitos apresenta melhorias de desempenho nas características do produto, como estabilidade térmica, aumento significativo da resistência mecânica e propriedades de barreira. As aplicações de barreira de nanocompósitos foram identificadas como área que apresenta grande potencial de aplicação. Exemplos disso são os filmes de poliamida, que são comercializados com propriedades de barreira a gases em razão de aditivos em nanoescala.

Aplicações de nanocompósitos em embalagens incluem:

▸ barreira a gases;

▸ barreira ao oxigênio;

▸ embalagem de alimentos;

▸ filmes.

Outra aplicação da nanotecnologia é no desenvolvimento de nanocódigos de barras, feitos por eletrodeposição de metais inertes, como ouro, prata e platina, em moldes que definem o diâmetro da partícula. As barras de nanopartículas são, então, retiradas dos moldes. A largura e a sequência destas podem ser alteradas para produzir nanocódigos de barras diferentes, uma alternativa de baixo custo para identificadores por radiofrequência (RFID).

Apesar de muitas aplicações potenciais da nanotecnologia ainda estarem distantes da realidade comercial, existem áreas em que a incorporação da nanotecnologia é instrumental no desenvolvimento de produtos comercialmente disponíveis. O mercado de materiais e compósitos surge como uma dessas áreas. Tintas inteligentes, pigmentos e revestimentos foram considerados áreas promissoras e de aplicação imediata da nanotecnologia nos próximos anos. Tais projeções têm importante significado para as indústrias de embalagem, papel e imprensa, devido ao potencial que possuem para receber esses avanços em materiais e compósitos.

O vasto potencial oferecido pela nanotecnologia tem motivado a área científica e técnica. No entanto, tal potencial também tem sido fonte de preocupação. Aplicações correntes são predominantemente limitadas a avanços em áreas bem estabelecidas de ciência aplicada, como ciência de materiais e tecnologia de coloides. Aplicações de médio prazo têm provavelmente o foco em transpor barreiras ao processo tecnológico e a aplicações práticas, enquanto aplicações de longo prazo são as de mais difícil previsão e tendem, portanto, a ser foco dos maiores questionamentos.

Os desafios, aparentes ou não, da nanotecnologia precisam ser considerados de forma efetiva. O perigo de não serem respondidos poderá causar uma ansiedade crescente, protelando as nanopesquisas. Movimentos desse tipo podem atrasar a pesquisa por causa de uma perda do momento positivo e do desperdício de oportunidades para o desenvolvimento de tecnologias úteis.

Observações finais

Alguns princípios subjacentes à nanotecnologia são praticados já há alguns anos em diferentes áreas, como modificação superficial de pigmentos de tintas e desenvolvimento de medicamentos. Não rotulados como nanotecnologia, a ciência e os desenvolvimentos tecnológicos progridem com sucesso, porém sem a atenção que tinham anteriormente. Hoje, nanotecnologia se tornou um tópico amplamente discutido entre acadêmicos, na mídia, no setor de investimentos e em alguns setores da indústria. Apesar de o tema estar se desenvolvendo com um certo grau de publicidade excessiva, não há dúvida de que está causando grande impacto em várias indústrias e produtos. De fato, argumenta-se que a nanotecnologia mudará de maneira significativa a face da indústria.

Nanotecnologia é sinônimo de fazer algo de modo diferente – e promete mais por menos: dispositivos menores, mais baratos, mais leves, mais rápidos e com maior funcionalidade, usando menos matéria-prima e consumindo menos energia.

Poucas indústrias estarão alheias à influência da nanotecnologia. Computadores mais rápidos, materiais biocompatíveis, recobrimento de superfícies, catalisadores, sensores, telecomunicações, materiais magnéticos e dispositivos são apenas alguns exemplos nos quais a nanotecnologia já foi incorporada. Muitos destes, além dos que ainda estão sendo pesquisados, têm influência nas indústrias de papel, embalagens e impressão – como rota para melhoria nos processos, no desempenho dos produtos, ou no desenvolvimento de produtos competitivos.

De fato, a nanotecnologia é um enfoque radicalmente novo de produção, que afetará, direta ou indiretamente, muitos setores, de tal forma que a omissão em responder a esse desafio ameaçará a competitividade futura de muitas organizações e empresas.

lista de
figuras

1
Figura **1-1**
O nanomundo 1

2
Figura **2-1**
Microscópio de força de varredura 10

Figura **2-2**
Nanoimpressão 12

Figura **2-3**
Tipos de materiais avançados 15

Figura **2-4**
Fullereno Buckminster 17

Figura **2-5**
Nanotubo de carbono 17

Figura **2-6**
Tipos de nanomateriais poliméricos em camadas 22

Figura **2-7**
Aumento da estabilidade térmica de uma resina termoplástica (PEAD) com adição de argila 24

Figura **2-8**
Taxa de transmissão de vapor de água em resina termoplástica (PEAD) 24

Figura **2-9**
O processo de eletrofiação 33

Figura **2-10**
Imagem de pontos quânticos obtidos por microscópio de força atômica (AFM) 36

Figura **2-11**
Princípio do papel eletrônico E Ink 42

nanotecnologia em **embalagens**

Figura **2-12**
Estrutura típica de célula solar usando semicondutores orgânicos 44

Figura **2-13**
Liberação de conservantes controlados por chave biológica nanoestruturada 51

Figura **2-14**
Um novo indicador nanocristalino 55

3 Figura **3-1**
Linha do tempo para desenvolvimentos potenciais 62

lista de
tabelas

1
Tabela **1-1**
Características de materiais monoescalares 2

2
Tabela **2-1**
Aplicações dos nanotubos 18

Tabela **2-2**
Propriedades de ensaio sob tração de nanocompósitos em polipropileno 25

Tabela **2-3**
Exemplos de nanocompósitos 27

Tabela **2-4**
Aplicações de nanocompósitos para embalagens 49

3
Tabela **3-1**
Linha do tempo para aplicação comercial 61

abreviações e
acrônimos

AFM	microscópio de força atômica
ATC	coletor de dejeto aniônico
C-PAM	poliacrilamida catiônica
DFB	*feedback* distribuído
DNA	ácido desoxirribonucleico
EMI	interferência eletromagnética
ESD	descarga eletrostática
EVA	copolímero de etileno e acetato de vinila
EVOH	copolímero de etileno e álcool vinílico
EU	União Europeia
FED	monitor de emissão de campo
FPL	tela frontal de monitores
F WHM	largura à meia-altura (expressão da largura espectral de um detector)
g	grama
GPa	giga Pascal
InGa	Índio-Gálio
J	joule
kN	quilo Newton
LCD	tela de cristal líquido ou monitor de cristal líquido
LED	diodo de emissão de luz
m	metro
MAP	embalagem de atmosfera modificada
MPa	mega Pascal
MIMIC	moldagem por microinjeção em capilares
mg	miligrama
ml	mililitro
mm	milímetro
MMT	montmorilonita
NEMS	sistema nanoeletromecânico
nm	nanômetro
OTR	taxa de transmissão de oxigênio

PBT	poli(tereftalato de butileno)
PC	policarbonato
PDMS	poli(dimetilsiloxano)
PDP	telas de painel de plasma
PEAD	polietileno de alta densidade
PEEK	poli(éter-éter-cetona)
PEI	poli(éter-imida)
PME	polímeros com memória estrutural
PET	poli(tereftalato de etileno)
PETG	copolímero ácido tereftálico-etileno glicol-tereftalato glicol
POSS	silsesquioxano oligomérico poliédrico
PP	polipropileno
PPO	polioxifenileno
PPS	poli(sulfeto de fenileno)
PVC	poli(cloreto de vinila)
RFID	identificação por radiofrequência
SAMMS	monocamadas auto-organizadas em suportes mesoporosos
SEMS	sistemas nanoeletromecânicos
SFM	microscopia de varredura de força
SMP	polímero de memória moldada
STM	microscopia de varredura por tunelamento
TPO	poliolefina termoplástica
UHMWPE	polietileno de ultra-alto peso molecular
UV	ultravioleta

1

a evolução da
nanotecnologia

A nanotecnologia passou a ser usada livremente para descrever a manipulação de átomos e moléculas com aplicações no mundo real. Em termos de dimensões, um nanômetro (nm) é um bilionésimo do metro ou um milésimo do micrômetro (também conhecido como mícron), que, por sua vez, é um milésimo do milímetro (ver Figura 1-1).

Figura **1-1**
O ranomundo

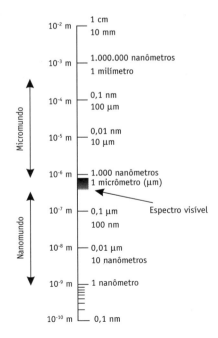

Fonte: www.cientifica.com

nanotecnologia em **embalagens**

Nesse contexto, uma bactéria pode ter até mil nanômetros de tamanho; um nanômetro é 10 vezes o diâmetro de um átomo de hidrogênio; e a menor largura de linha de um circuito integrado moderno, como os encontrados nos mais rápidos computadores de uso pessoal, é de algumas centenas de nanômetros.

Um dos primeiros promotores das aplicações industriais da nanotecnologia, Albert Franks, a definiu como "área da ciência e da tecnologia em que dimensões e tolerâncias no intervalo de 0,1 nm até 100 nm têm papel crítico". Recentemente, Paul Holister a descreveu como "controle de propriedades físicas a partir da definição da matéria com precisão molecular".

As características dos materiais nanoescalares são apresentadas na Tabela 1-1.

Tabela **1-1**

Características dos materiais nanoescalares

Tamanho	10^{-8} m
Área	10^{-16} m^2
Volume	10^{-24} m^3
Massa	10^{-21} kg
Área superficial específica	10^{-5} m^2/kg
% sítios quimicamente ligantes na superfície	20-50%
Energia Livre de Gibbs Grande	Fácil sinterização/fácil dissolução
Possíveis efeitos quânticos de tamanho	

Fonte: Pira International Ltd

É necessário distinguir entre a nanociência já existente e de relevância crescente e a emergente nanotecnologia. A primeira é uma convergência da física, da química e da biologia que lida com a manipulação e a caracterização da matéria com dimensões entre a escala molecular e a microescala. A segunda, por sua vez, é uma engenharia emergente que aplica métodos da nanociência para criar produtos.

Muitos questionamentos já surgiram sobre quão revolucionária é a nanotecnologia e seu potencial de ruptura e mudanças de paradigmas científicos e técnicos. No entanto, muitas aplicações discutidas no contexto da nanotecnologia são, de fato, avanços incrementais de áreas bem desenvolvidas da ciência, como ciência de coloides, física de metais, física de semicondutores e ciência de materiais.

A nanotecnologia provavelmente terá impacto no médio prazo ao fornecer métodos para transpor barreiras há muito tempo previstas e bem entendidas ao desenvolvimento de tecnologias correntes.

À medida que abriu novos mundos de possibilidades, gerou sua própria linguagem e termos. Nanotecnologia *bottom-up* (de baixo para cima) indica procedimentos que se iniciam com pequenos componentes – quase sempre moléculas individuais – montados para produzir a estrutura desejada, por exemplo, a automontagem. Outro enfoque, menos desenvolvido, usa sondas de microscópio de varredura para posicionar moléculas reativas em regiões desejadas em uma dada superfície.

Nanotecnologia *top-down* (de cima para baixo), ou miniaturização, é o oposto. Estruturas são criadas por técnicas mecânicas e de gravação. Isso é uma extensão natural dos métodos atuais da microeletrônica, em que estruturas com dimensões limitadas são criadas por deposição de filmes muito finos de material, retirados quimicamente das regiões não desejadas.

Muitas das aplicações comerciais de nanotecnologia se baseiam no método *bottom-up*, que também pode ser encontrado em sistemas biológicos. Estruturas em nanoescala que desempenham funções em células vivas são exemplos disso, assim como:

- ribossomos, que sintetizam novas proteínas de acordo com um padrão fornecido pelo DNA;
- cloroplastos, que armazenam energia da luz e a convertem em combustível químico;
- motores moleculares, que movem componentes nas células e, em combinação, permitem o movimento de células inteiras, até mesmo de organismos multicelulares.

Outro aspecto da nanotecnologia é que essa é uma área de pesquisa e desenvolvimento claramente multidisciplinar. A contribuição da nanotecnologia não será feita separadamente de outras áreas da ciência, as quais também se desenvolvem de maneira rápida. Em particular, avanços na biologia, biotecnologia, teoria da informação e nanotecnologia provavelmente se reforçarão mutuamente, em sinergia.

As origens da nanotecnologia podem ser rastreadas em uma série de disciplinas científicas:

- *Biotecnologia:* trabalho com replicação de DNA; síntese de proteínas (efeito Merrifield); complexos organometálicos (citocromos, hemoglobina, clorofila).
- *Química de polímeros:* engenharia molecular de copolímeros (processo Lipacryl da DuPont para incorporação de monômeros hidrofóbicos em acrílico usando carregadores de ciclodextrina).
- *Pigmentos:* mudanças superficiais (modificação de dióxido de titânio, por exemplo, com óxido de alumínio para reduzir a degradação de pintura por luz UV).
- *Microeletrônica:* projeto de *chips* e montagem.

Áreas temáticas

Em todo o mundo, tanto institutos acadêmicos como de pesquisa aplicada estão evoluindo a partir desses desenvolvimentos preliminares e, com isso, criando novos caminhos para pesquisa em nanociência e nanotecnologia. Os principais temas investigados atualmente são:

- ciência de materiais;
- eletrônica e optoeletrônica;
- ciência biomédica.

Ciência de materiais

O estudo da ciência de materiais é o alicerce de muitos programas de pesquisa. Relaciona-se ao controle de estruturas de materiais em nanoescala e, para muitos, os avanços agora descritos como nanotecnologia poderiam ser qualificados como desenvolvimentos integrantes de tecnologias existentes. A melhoria no controle em nanoescala e no conhecimento das relações entre estrutura e outras propriedades será muito importante para o desenvolvimento de materiais mais resistentes e com maior funcionalidade.

Outras áreas em que a nanociência e a tecnologia estão contribuindo com a ciência de materiais são:

- *Novas formas de carbono:* novas descobertas, em 1985, fornecem hoje alicerces promissores para a nanotecnologia, pois essas novas formas de carbono são estruturas ordenadas em nanoescala.

- *Nanopartículas:* possuem grande potencial de aplicação comercial e já influenciam produtos e serviços. Desenvolvimentos ocasionaram a redução das quantidades de material para a produção de produtos: por exemplo, com a melhoria na eficiência de combustíveis para carros e aviões.

- *Nanocompósitos:* a introdução de materiais compósitos, como vidros e plásticos reforçados com carbono, tem contribuído para a melhoria de novos materiais na relação resistência-peso, se comparados aos materiais convencionais. Nesse contexto, o reforço dado por um dos materiais supre a rigidez e a resistência, enquanto o material matriz, menos rígido, suporta a tensão e reduz o peso. O uso de argilas (quando delaminadas ou esfoliadas) como material de reforço já foi desenvolvido e tem aplicações no setor automotivo e na indústria de embalagens. Desenvolvimentos adicionais provavelmente produzirão mais materiais compósitos com funcionalidades novas e otimizadas. Uma aplicação-alvo é em revestimentos impermeáveis para papel e papelão.

Eletrônica e optoeletrônica

A eletrônica moderna já se aproxima da nanoescala. Melhoramentos na tecnologia de circuitos integrados para unidades de processamento central e *chips* de memória terão prosseguimento e, certamente, incorporarão resultados da nanotecnologia com melhorias incrementais.

- *Semicondutores optoeletrônicos:* interação entre eletrônica e luz e conversão de sinais que transportam informação entre as duas mídias. Muito esforço foi investido no controle da estrutura dos semicondutores na nanoescala para criar novos diodos emissores de luz e *lasers*, já disponíveis comercialmente.

- *Fotônica:* descrita como optoeletrônica com menos eletrônica e mais controle da propagação da luz. A ideia subjacente é que a luz viaja mais rápido que os elétrons nos semicondutores. Circuitos lógicos poderiam ser desenvolvidos usando luz em vez de elétrons para carregar o processo de informação. Isso viabiliza o desenvolvimento de computadores e redes de comunicação mais poderosos.

- *Memória e armazenamento:* o avanço na capacidade de armazenamento foi rápido, dos cartões perfurados às fitas magnéticas e aos discos. A proeza da miniaturização foi possível

capítulo 1 – a evolução da nanotecnologia

devido à combinação extrema de microengenharia de precisão e desenvolvimento de cabeçotes de leitura, os quais dependem do fenômeno da magnetorresistência gigante. Essa resposta, em que as propriedades elétricas de um material são muito sensíveis a campos magnéticos aplicados, pode ser obtida em materiais compósitos formados por multicamadas de espessura nanométrica de metais com diferentes propriedades magnéticas. O uso de estruturas automontadas, compostas por blocos de copolímeros como molde para arranjos de partículas magnéticas na região de 10 nm, é um meio para a produção das multicamadas. Tais estruturas têm potencial para aumentar a capacidade de armazenamento de dados por um fator de 1.000. O avanço mais impressionante é a capacidade de armazenar uma unidade de informação em uma única molécula.

▸ *Novos métodos para entrada e saída de dados:* o uso de sensores é comum para medidas de processos e provisão de entrada de dados. Nanociência e tecnologia viabilizam a produção de sensores menores e mais sensíveis, capazes, por exemplo, de detectar material bioquímico no sangue sem a necessidade de fazer uma coleta externa.

Em relação à saída de dados é possível constatar muitas melhorias em tecnologias para monitores, com a substituição dos tubos de raios catódicos por telas de cristal líquido, de plasma e de campo de emissão. Nanociência e tecnologia estão permitindo o desenvolvimento de telas mais baratas, maiores e mais brilhantes que as atuais. Desenvolvimentos futuros poderão levar à formação de imagem diretamente na retina. Uma interessante combinação de velhas e novas tecnologias é dada pelas chamadas tintas eletrônicas, que combinam clareza e contraste da impressão no papel com a capacidade de mudança de uma tela de cristal líquido. Partículas da tinta eletrônica podem ser alteradas de branco para preto pela aplicação de campo elétrico.

Um resultado potencial seria prover a saída de dados de um computador na forma de produto tridimensional. Várias tecnologias para desenvolvimento de protótipo rápido conseguem isso por meio da impressão repetida com jato de tinta, usando, em vez de tinta, um material polimérico que se solidifica depois da impressão para produzir uma imagem tridimensional. Alternativamente, um recipiente com monômero líquido pode ser escaneado por um feixe de *laser*, cuja luz inicia polimerização do monômero para formar materiais poliméricos sólidos. Tais técnicas podem, eventualmente, permitir o desenvolvimento de nanoestruturas geradas por computador.

▸ *Plásticos condutores:* polímeros semicondutores são usados para a obtenção de materiais para a produção de circuitos lógicos e monitores. Infelizmente, tais polímeros têm propriedades semicondutoras piores que supercondutores convencionais, porém são mais baratos. A produção de padrões de máscaras em circuitos integrados usa impressão jato de tinta ou litografia suave, em vez de litografias mais caras. Algumas áreas atuais de pesquisa são:

- Desenvolvimento de monitores flexíveis e maiores, como computadores dobráveis e telas de TV de baixo custo de manufatura. Isso poderia ser estendido a outros produtos flexíveis, como roupas.

- Desenvolvimento de circuitos impressos lógicos com aplicações potenciais ao setor de embalagens. Por exemplo, a incorporação de dispositivo RFID para a embalagem de produtos que se identificam e anunciam sua presença.

- Desenvolvimento de dispositivos fotovoltaicos, como células solares. Atualmente, esses dispositivos têm desempenho inferior se comparados com materiais à base de semicondutores inorgânicos. No entanto, se as tecnologias de processamento forem melhoradas, tais dispositivos poderão transformar a economia associada à geração de energia por células solares.

▶ *Moléculas condutoras:* uma maneira de superar os limites que a litografia coloca ao tamanho dos padrões produzidos seria o uso de moléculas e fios como elementos dos componentes ativos, tais como transistores, diodos e chaves. Estes poderiam ser nanotubos de carbono ou polímeros condutores do tipo desenvolvido para plásticos condutores. Apesar de resultados preliminares mostrarem que transistores podem ser feitos usando nanotubos de carbono, grandes dificuldades ainda persistem atualmente.

Nanotubos e nanofios semicondutores serão provavelmente componentes importantes das novas arquiteturas de computadores baseadas em estruturas moleculares. Transistores de efeito de campo baseados em nanotubos já foram reportados, e progressos já se verificam na integração por meio do escoamento de fluidos em nanoescala para alinhar nanofios.

Ciência biomédica

Em relação ao público, é a área de maior destaque, pois combina o desenvolvimento incremental com o altamente futurista. Muitos dos dilemas éticos e sociais mais críticos resultantes da ciência e da tecnologia em nanoescala estarão atrelados ao sucesso nessa área.

Liberação de medicamentos – A nanotecnologia oferece potencial para a liberação de medicamentos de forma sofisticada e precisa. Por exemplo, alguns agentes anticancerígenos bastante desagradáveis e com efeitos colaterais perigosos podem ter tais efeitos minimizados por uma liberação no local desejado. Em outros usos, compostos insolúveis poderiam tornar-se mais práticos pela sua preparação em nanoescala, isto é, com moléculas transportadoras permitindo sua passagem por meio de membranas.

Engenharia de tecidos – A engenharia de tecidos se desenvolveu com o fim de obter novos órgãos a partir de células fornecidas pelo hospedeiro e, portanto, de diminuir a rejeição a órgãos transplantados.

Tal engenharia proporciona uma base para as células, que define a estrutura requerida para a produção do órgão em questão. A base será feita de material biocompatível ou de polímero natural, projetado em micro ou nanoescala, e com sua superfície tratada de tal modo que promova crescimento e diferenciação celular.

Apesar de a meta ser a produção de novos órgãos (como fígado, por exemplo), trata-se, ainda, de um projeto de longo prazo. Verifica-se, contudo, que a engenharia de tecidos para enxertos de pele já é uma prática clínica aceita.

Laboratório-no-*chip* – Química clássica e bioquímica são feitas em laboratórios relativamente grandes. Se esses laboratórios pudessem ser miniaturizados, seria possível aumentar a sensibilidade da análise química e a facilidade de sua automação. Um laboratório-no-*chip*

capítulo **1** – a evolução da nanotecnologia

poderia combinar a manipulação em pequena escala dos produtos químicos com a sensibilidade de detecção e o interfaceamento direto com computador para o controle automático e a análise dos resultados. A manipulação de líquidos em escalas muito pequenas envolve problemas novos e interessantes. Canais muito pequenos e tubos de reação podem ser criados por padrões de gravação em superfícies de vidro ou silício. Nessas pequenas escalas, no entanto, o movimento de fluidos é dominado por viscosidade, tornando difícil conseguir que eles fluam ou se misturem. A automação e o escalonamento para tamanhos menores de processos químicos têm sido notavelmente poderosos, e realizações como o sequenciamento do genoma humano se apoiam nesse enfoque. Entretanto, neste momento, o sequenciamento do DNA ainda necessita de recursos e laboratório. Pode-se pensar que o uso da nanotecnologia permitiria sequenciar uma única molécula de DNA por leitura física direta. Tais melhorias aumentariam significativamente o progresso da biologia molecular, e também permitiriam o surgimento de novos desafios e oportunidades em medicina. Se o genoma completo de qualquer indivíduo estivesse prontamente disponível, a blindagem de todo tipo de doenças com um componente genético seria bastante direta.

Resumo

A natureza da nanotecnologia, *top-down* (de cima para baixo) ou *bottom-up* (de baixo para cima), indica sua multidisciplinaridade. Nanociência e nanotecnologia dependem da contribuição de uma série de disciplinas, incluindo química, física, ciências da vida e muitas áreas da engenharia. Um dos assuntos em questão é se a nanociência e a nanotecnologia deveriam ser consideradas uma continuação de tendências há muito existentes, ou se representam descontinuidade fundamental na prática da ciência e da tecnologia.

Tecnologias causadoras de ruptura são as que desalojam tecnologias mais velhas e permitem que novas gerações de produtos e processos as substituam. Por exemplo, o armazenamento ótico de dados por meio de dispositivos como CDs mudou a face do entretenimento doméstico e da computação; câmeras digitais que usam *chips* de memória e tecnologias de imageamento estão substituindo o filme fotográfico.

Avanços em ciência de materiais e tecnologia de coloides surgiram como resultado de uma crescente apreciação do papel da estrutura de nanoescala, desenvolvido continuamente nos últimos 50 anos. Apesar de serem desenvolvimentos essencialmente incrementais, não significa que não tenham impacto na sociedade ou que não sejam causadores de mudanças.

Dispositivos funcionais que operam em nanoescala representariam descontinuidade na sua área de atuação. Mas processos de miniaturização foram até agora incrementais em caráter, com contínuo refinamento de tecnologia essencialmente madura. Para atingir sucesso em velocidade computacional e capacidade de memória, nanociência e nanotecnologia necessitam apresentar nova rota para um avanço descontínuo.

A promessa revolucionária da nanociência e da nanotecnologia é o desenvolvimento desses dispositivos funcionais inteiramente novos em nanoescala.

2

aplicações
comerciais

Apesar de muita pesquisa ter sido feita nos últimos 20 anos – principalmente – pelo mundo acadêmico, as realizações comerciais da nanotecnologia ainda são poucas e o desafio de encontrar e reconhecer aplicações comerciais para essas pesquisas ainda é um dos grandes problemas da área. Algumas transferências do laboratório para o mercado já aconteceram, porém a maioria dos nanoprodutos disponíveis atualmente no mercado é utilizada por pesquisadores em projetos de nanotecnologia.

O mercado atual é pequeno, concentrado principalmente em nichos, mas cresce com rapidez. Esse mercado está estimado em US$ 385 milhões por ano nos EUA e, possivelmente, chegando a US$ 3,5 bilhões em 2008, e a US$ 20 bilhões em 2013[1].

Pequenas empresas se destacam na vanguarda em P&D. Algumas dessas empresas, particularmente as envolvidas com nanomateriais, formaram parcerias comerciais de desenvolvimento e mercado com empresas globais de química e fornecedores de plásticos, como DuPont, BASF, Bayer e Mitsubishi.

Já são verificadas algumas aplicações comerciais da nanotecnologia, como discos rígidos para computadores, filtros solares e progressos em telecomunicações. O maior potencial de transição da nanociência para produtos viáveis deverá acontecer nos próximos 20 anos.

As aplicações crescem e são variadas, cobrindo tudo, desde aplicações militares e espaciais até medicina e cosméticos. Tais aplicações podem ser divididas nas seguintes áreas:

- ferramentas de P&D;
- materiais avançados;
- eletrônica e tecnologia da informação;
- meio ambiente e energia;
- embalagens.

---

[1] As estimativas atuais já ultrapassam US$ 1 trilhão em 2015.

É pertinente ressaltar que existem barreiras técnicas à comercialização. As principais são a produção em massa e o custo dos nanomateriais. O aumento do *know-how* deve reduzir drasticamente os custos dos materiais. Um exemplo de tais reduções são os nanotubos de carbono. No final da última década do século XX, um grama de nanotubos de baixa qualidade custava US$ 1.000. Os mesmos nanotubos em 2004 foram ofertados a US$ 30 e essa redução de preço deve-se a um aumento de eficiência na manufatura e à melhoria no processamento. Nanotubos de alta pureza (> 95%), impossíveis de serem fabricados há alguns anos, existem hoje a um preço aproximado de US$ 400 o grama.

Ferramentas

Uma gama de ferramentas e técnicas foi desenvolvida no curso da evolução da nanociência. Algumas delas são:

- microscopia de varredura por sonda;
- técnicas de molécula única;
- microlitografia;
- litografia por feixe de elétrons e bombardeamento focalizado de íons;
- técnicas precisas de revestimento;
- litografia suave;
- simulações por computador.

Microscópios

A invenção dos microscópios de varredura por sonda – microscopia de varredura por tunelamento (STM), de varredura de força (SFM), e uma série de variantes especializadas – foi instrumental para o desenvolvimento e a evolução da nanociência e da nanotecnologia. Essas microscopias existem há aproximadamente 20 anos e permitem a visualização do comportamento molecular em nanoescala, bem como a manipulação e a engenharia de átomos individualmente. A Figura 2-1 mostra o princípio de um microscópio de força atômica.

Figura **2-1**
Microscópio de força de varredura

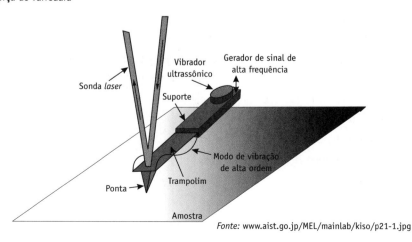

Fonte: www.aist.go.jp/MEL/mainlab/kiso/p21-1.jpg

capítulo **2** – aplicações comerciais

A utilidade e a conveniência da microscopia de varredura por sonda aumentarão com o desenvolvimento de computação gráfica mais poderosa e melhores interfaces. Esforços já em curso procuram criar uma interface com o microscópio que dá ao usuário a sensação de estar diretamente manipulando o nanomundo. A meta é permitir que a manipulação do instrumento se pareça com a nossa interação com o mundo macroscópico. Esse tipo de instrumento provavelmente terá profundo impacto na percepção das pessoas acerca da capacidade da nanociência e da nanotecnologia.

Estudo de caso: microscópio fotônico de varredura de campo próximo – Microscópios de varredura por sonda podem produzir imagens tridimensionais com resolução molecular e ser usados também para acompanhar processos, como o de cristalização polimérica. No entanto, são muito lentos, pois a imagem precisa ser coletada um pixel de cada vez, linha por linha.

Esses microscópios sensoriam a força mecânica entre a ponta de prova e a superfície que está sendo avaliada. A ponteira varre a superfície da amostra e a força é medida pelo monitoramento da deflexão de um microcantilever ótico, que está situado sobre a ponteira. A razão em que a imagem é obtida depende de dois fatores: da intensidade do sinal ótico da ponteira e da maneira como esta se move mecanicamente pela superfície.

Pesquisadores da Universidade de Bristol, na Inglaterra, desenvolveram um microscópio ótico de varredura do campo próximo 1.000 vezes mais rápido que instrumentos anteriores e aproximadamente 10 vezes mais rápido que qualquer microscópio de varredura por sonda. O novo microscópio pode atingir uma velocidade de 150 milímetros por segundo e fazer a imagem de uma área de 20 μm^2 em menos de 10 milissegundos.

O desenvolvimento permitiu que a amplitude de oscilações da ponteira pudesse aumentar de alguns nanômetros para vários mícrons. Assim, os dados passaram a ser coletados continuamente, em vez de em pontos individuais. Além disso, a ponta oscila em sua frequência de ressonância, possibilitando que milhares de linhas sejam varridas em um segundo. A equipe aumentou a intensidade do sinal ótico da ponta pela reflexão de um feixe de *laser* embaixo da amostra para assegurar que ele poderia ser detectado a grandes distâncias de oscilação.

Para testar esse microscópio, os pesquisadores compararam uma imagem de filme fino polimérico feita em curto intervalo de tempo – aproximadamente 8 milissegundos – com a imagem convencional feita em 20 minutos. Eles verificaram que a qualidade das imagens era similar. A equipe afirma que o instrumento pode ser usado em nanotecnologia e biotecnologia para a formação de imagem em vídeos com alta taxa de velocidade ou maior.

Fonte: http://www.nanotechweb.org/articles/news/2/7/8/1

Nanoimpressão (litografia suave)

Nanoimpressão é termo geral para uma coleção de técnicas usadas para depositar padrões, por exemplo, em fabricação de filmes finos (ver Figura 2-2).

Figura **2-2**

Nanoimpressão

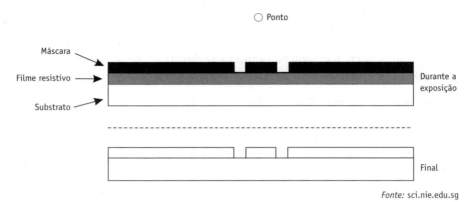

Fonte: sci.nie.edu.sg

A nanoimpressão é usada quando tamanhos característicos estão em nanoescala. Existem três enfoques principais:

- *Estampagem:* a impressão de molde é feita em uma superfície pela aplicação de pressão.
- *Tinta ou impressão por microcontato:* uma "tinta" é aplicada em molde e transferida para uma superfície.
- *Capilaridade:* um molde é colocado em uma superfície e um polímero líquido flui, por capilaridade, pelos espaços formados entre a superfície e o padrão do molde. Esse processo também é conhecido como moldagem por microinjeção em capilares (MIMIC).

O termo litografia suave é intercambiável com nanoimpressão. Apesar de se conseguir resolução abaixo de 10 nanômetros com litografia suave, muitas aplicações ainda não estão em nanoescala, portanto o termo litografia continuará em uso. A litografia suave é usada para produzir componentes para a indústria de computadores em uma variedade de materiais sem a necessidade de tecnologia de ambientes ultralimpos. Isso mostra também potencial para a criação de dispositivos óticos que, por sua vez, podem ser usados em computação ótica. Não é, no entanto, ideal para a produção de estruturas multicamadas perfeitamente alinhadas usadas na microeletrônica.

Pesquisas estão em andamento em várias universidades para um maior desenvolvimento da nanoimpressão: por exemplo, nos EUA, a Universidade de Austin, no Texas, e a Universidade de Virgínia, e na Alemanha, o Instituto de Ciência Natural e Médica na Universidade de Tübingen.

Nanolitografia

A indústria de semicondutores utiliza ferramentas e técnicas de litografia baseadas em máscaras. À medida que há um progresso da tecnologia, ferramentas baseadas em litografia passam a ser usadas em nanoescala. Espera-se que elas contribuam para o desenvolvi-

capítulo **2** – aplicações comerciais

13

mento nanotecnológico, especialmente na área de sistemas nanoeletromecânicos (SEMS), bem como na provisão de suporte e conectividade em estruturas de mais larga escala para outros desenvolvimentos. Tais estruturas incluem eletrônica molecular e sistemas de laboratório-no-*chip*. Sistemas baseados em máscaras para a produção dos circuitos integrados atuais envolvem a irradiação de um feixe de luz através de uma máscara em um polímero fotossensível depositado sobre uma superfície de silício. Essas áreas expostas são depois removidas. O comprimento de onda da luz é o fator limitante para a obtenção dos padrões dos tamanhos requeridos. O uso de radiação eletromagnética em comprimentos de onda menores, ou seja, UV extremo ou raios X, é uma rota futura para a obtenção de padrões de 70 nm ou menores.

Litografia de feixe de elétrons pode ser usada para escrever diretamente no substrato. Esse processo produz linhas de 30 nm de largura, mas pode produzir também linhas de 7 nm. O enfoque é excelente para criar nanoestruturas uma a uma no laboratório e, atualmente, é a melhor técnica para nanofabricação. Não é, no entanto, considerado apropriado para a produção em massa, pois cada máquina pode criar somente uma estrutura por vez, e as máquinas são muito caras. O enfoque é útil para a manufatura de matrizes para litografia suave e estas, por sua vez, são usadas múltiplas vezes.

Nanolitografia de feixe de íons é similar à nanolitografia de feixe de elétrons em termos de aplicações e tamanhos dos padrões produzidos. A diferença fundamental é que os íons, que são matéria nuclear carregada, podem interagir física e quimicamente, e se acomodar no material exposto. A adição de material oferece a possibilidade de construir estruturas em vez de criá-las de forma destrutiva.

Estudo de caso: litografia de nanoimpressão – A litografia de nanoimpressão é uma técnica utilizada por pesquisadores na Itália empregando um laser fabricado, de atuação orgânica (NEMS) à temperatura ambiente. O *laser* é baseado em um filme fino com padrões de oligômero chamado T50Cx. O oligômero tem massa (molar) baixa e comportamento termoplástico pobre, o que significa que técnicas convencionais de produção de relevo a quente não podem ser usadas. Ao contrário da produção de relevo a quente, a nanoimpressão funciona ao ar livre, à temperatura ambiente. Esse enfoque direto levou o grupo de pesquisa a considerar sua utilização no desenvolvimento de uma gama de dispositivos optoeletrônicos baseados em semicondutores orgânicos não termoplásticos.

O primeiro passo para fazer um *laser* é criar um padrão em matriz de silício que age como molde. O T50Cx, que tem espessura de 400-600 nm, é então depositado no substrato do vidro usando recobrimento.

Para atingir o passo fundamental no processo de pressionar a matriz sobre o filme é usada uma força otimizada de aproximadamente 5 kN, o que produz um filme contendo grade com período de 600 nm – e o padrão se estende em torno de 120 nm. O filme com o padrão impresso é colocado em vácuo e excitado oticamente pelo terceiro harmônico (355 nm) de um *laser* Nd:YAG.

O *laser* resultante tem um modo único de emissão em 637 nm e largura de linha menor que 0,7 nm.

Fonte: http://nanotechweb.org/articles/news/2/10/1/1

Nanoxerografia

A xerografia também tem sido usada em nanoescala para imprimir padrões de nanopartículas em superfícies carregadas.

Estudo de caso: nanoxerografia – A nanoxerografia usa forças eletrostáticas para atrair nanopartículas para um ponto desejado. Essa propriedade é muito utilizada por pesquisadores na Universidade de Minnesota, nos EUA, para imprimir padrões de nanopartículas sobre superfícies carregadas com resolução de 100 nm. O grupo de pesquisa usou uma técnica de fase líquida para montar partículas de ferro, óxido de ferro e carbono, e uma técnica de fase gasosa para manejar nanopartículas de prata e ouro. Esses pesquisadores usaram padrões de eletrodos flexíveis para criar as áreas carregadas requeridas, as quais foram colocadas em contato com um filme fino de eletreto sobre substrato de silício. Com a aplicação de um pulso de voltagem entre o eletrodo e o silício, transferiu-se a carga ao eletreto.

Dois tipos de eletrodos foram avaliados:

1. Um molde de espessura 5 mm de poli(dimetilsiloxano) (PDMS), suportado em lâmina de cobre recoberta com camada de 60 nm de ouro em cima e de liga de InGa nos lados para obter um contato adequado com a lâmina de cobre. Esses eletrodos incorporaram padrões de linhas paralelas menores que 200 nm de largura, ou redes de pilares circulares de 30 nm de altura e 200 nm de diâmetro.

2. Pastilha de silício dopada-n com 7,6 cm de diâmetro e 10 mícrons de espessura, contendo um padrão de linhas de 450 nm de largura e 200 nm de profundidade.

No processo de montagem em fase líquida, o *chip* com o padrão carregado foi colocado em uma solução não polar em banho ultrassônico. Um agregado de nanopartículas foi então adicionado ao solvente. Houve desagregação das nanopartículas em função da sonificação, as quais se alinharam nas superfícies carregadas em segundos. Isso permitiu a produção de nanopartículas de carbono grafitizadas de 30 nm, partículas de óxido de ferro vermelhas menores que 500 nm e contas de ferro menores que 2 mícrons.

No processo em fase gasosa, nanopartículas são geradas por evaporação e condensação em um forno tubular. Nanopartículas viajam em um fluxo de gás nitrogênio para o módulo de montagem. Nesse módulo, dois eletrodos geram campo elétrico que direciona as nanopartículas contra a superfície carregada. A técnica de fase gasosa foi usada para montar padrões de nanopartículas de prata e ouro.

Padrões cobrindo áreas de até 5 x 5 mm foram produzidos. A técnica de fase gasosa obteve resolução de 100 nm, enquanto a técnica de fase líquida produziu resolução de 200 nm. Esses valores são 500-1.000 vezes melhores que os produzidos por impressoras de xerografia tradicionais. Segundo os pesquisadores, o limite da resolução atual são os tamanhos dos eletrodos. Para o eletrodo PDMS, esse limite é da ordem de 100 nm, pois para padrões menores acontece um colapso. Contudo, eletrodos baseados em silício podem levar esse limite a valores da ordem de 10 nm.

Fonte: http://nanotechweb.org/articles/news/2/10/16/1

Materiais avançados

Nanociência e nanotecnologia têm revitalizado a ciência de materiais conduzindo-a a um desenvolvimento e evolução de amplo espectro de materiais avançados por meio de nanoestruturação (ver Figura 2-3).

Figura **2-3**
Tipos de materiais avançados

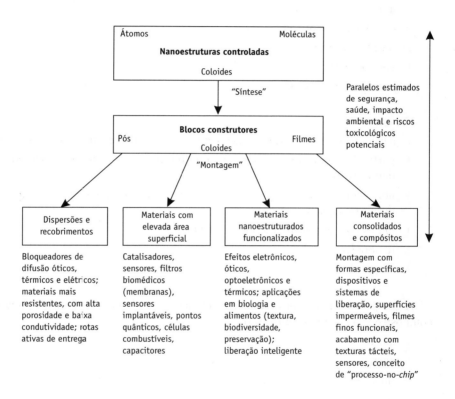

Fonte: Pira International Ltd

Materiais nanométricos exibem comportamento fundamentalmente novo à medida que seu tamanho torna-se menor que o comprimento crítico associado a uma dada propriedade. A intervenção em propriedades de materiais em nanoescala permite a criação de materiais e dispositivos com características de desempenho e funcionalidades não previstas anteriormente.

Algumas nanoestruturas organizadas, como as encontradas em revestimentos, pós, dispersões e compósitos, vão revolucionar um grande número de setores da indústria com produtos como:

nanotecnologia em **embalagens**

- tintas e revestimentos funcionais;
- proteção contra a corrosão;
- recuperação ambiental;
- adesivos e polímeros condutivos;
- liberação de drogas e ingredientes ativos;
- materiais biocompatíveis;
- barreiras funcionais;
- superfícies inteligentes autolimpantes;
- impressão "funcionalizada";
- comunicações óticas;
- e-tinta e e-papel;
- energia portável;
- purificação de água.

Nanomateriais incluem:
- aglomerados de átomos (pontos quânticos, pontos nanométricos, moléculas inorgânicas);
- partículas com tamanho menor que 100 nm (nanocristalinos, nanofase, materiais nanoestruturados);
- fibras com diâmetro inferior a 100 nm (nanobastões, nanolamelas, nanotubos, nanofibras, fios quânticos);
- filmes com espessura menor que 100 nm;
- nanoporos;
- compósitos.

A composição pode ser qualquer combinação de elementos de ocorrência natural. As composições mais importantes são:
- silicatos;
- carbetos;
- nitretos;
- óxidos;
- boratos;
- selenetos;
- teluretos;
- sulfatos;
- haletos;
- ligas;
- intermetálicos;
- metais;
- polímeros orgânicos.

Novas formas de carbono

Dois exemplos importantes de novas formas do carbono são o fullereno Buckminster (ver Figura 2-4), que é uma esfera perfeita com exatamente 60 átomos de carbono; e os nanotubos (ver Figura 2-5), formados quando folhas de grafite são enroladas em tubos e estes, por sua vez, são fechados por hemisférios de fullereno.

Figura **2-4**
Fullereno Buckminster

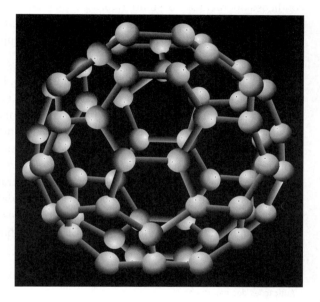

Fonte: www.creative-science.org.uk/c60.html

Figura **2-5**
Nanotubo de carbono (visto de frente)

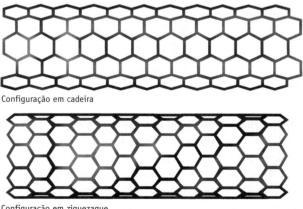

Configuração em cadeira

Configuração em ziguezague

Fonte: www.chemsoc.org/chembytes/ezine/2002/gross_may02.htm

Nanotubos de grafite são produzidos comercialmente a partir da reação catalítica de hidrocarbonetos de baixo peso molecular em fase gasosa. Eles são tubos com paredes múltiplas de microestrutura grafítica. O diâmetro interno é de aproximadamente 5 nanômetros. Nanotubos têm comprimentos da ordem de 10 mícrons, o que resulta em uma razão de aspecto na ordem de 100:1.000. Nanotubos são ordens de magnitude menores que fibras de carbono e morfologicamente distintos dos familiares negros-de-fumo.

A produção de nanotubos de grafite é feita a partir de matéria-prima com alta pureza e condições operacionais bastante rigorosas. Eles são, portanto, usados em situações em que a limpeza é parâmetro crítico para o desempenho. Conforme são produzidos, os nanotubos existem como agregados e, para obter um melhor desempenho como aditivo, esses agregados precisam ser separados durante a mistura.

Muitas aplicações possíveis foram sugeridas e são, hoje, objeto de investigação. Os nanotubos já são empregados como cargas condutoras em resinas plásticas para dissipação de cargas estáticas em equipamentos usados na manufatura de *drivers* de discos de computadores e pastilhas semicondutoras. São também utilizados para fazer partes plásticas condutoras internas de automóveis, de modo que possam ser pintadas eletrostaticamente com *spray* sem a necessidade da aplicação de um *primer*. Enquanto nanotubos competem em algumas dessas aplicações com fibras de grafite, trabalham com cargas menores que a grafite e, assim, minimizam a degradação das propriedades poliméricas. Um dos principais produtores de nanotubos de carbono para tais aplicações é a Hyperion Catalysis International Inc., de Cambridge, Massachusetts, nos EUA (www.fibrils.com). Exemplos de aplicações são mostrados na Tabela 2-1.

Tabela **2-1**

Aplicações dos nanotubos

Automobilística	Eletrônica
Dutos de combustível	Bandejas ESD
Espelhos	Suportes para pastilhas
Maçanetas	Cartuchos removíveis
Parachoques	Equipamento para sala limpa
Cobertura de *air-bag*	

Fonte: Pira International Ltd

Nanotubos muito longos podem ser extremamente resistentes, rígidos e com potencial para a produção de fibras leves e muito fortes. Mesmo com tamanhos menores, suas propriedades mecânicas podem ser úteis como agentes de reforço em materiais compósitos. Sua utilização em compósitos com uma variedade de matrizes poliméricas inclui poliamidas, poliésteres, policarbonatos e suas misturas, poliestireno e polímeros de alto desempenho, como poli(sulfeto de fenileno) (PPS), poli(éter-imida) (PEI) e poli(éter-éter-cetona) (PEEK). A dispersão efetiva de nanotubos em polímeros é essencial

capítulo **2** – aplicações comerciais

19

para se obter as propriedades esperadas. Sua adição a sistemas poliméricos aumenta a viscosidade durante o processamento, e esse efeito pode variar significativamente; no entanto, se comparado à incorporação de fibras de carbono, o fluxo do material fundido é bastante melhorado.

Uma série de áreas de aplicação estão se desenvolvendo, sobretudo nas quais a pureza e a condutividade elétricas são características importantes. Tais áreas incluem bandejas e carregadores de pastilhas para uso em microeletrônica, componentes com proteção para descargas eletrostáticas, interferência eletromagnética (EMI), blindagem e tubulações de combustível automotivo.

Pesquisas tentam incorporar tanto nanotubos de parede única como de multicamada em copolímeros poli(fenileno-vinileno) luminescentes. Tais nanocompósitos apresentam alta condutividade elétrica, comportamento ótico não linear de terceira ordem e eletroluminescência, adicionando melhores propriedades mecânicas em relação ao polímero puro.

Estudo de caso: fibras de nanotubos de carbono – Fibras de nanotubos de carbono super--resistentes foram feitas por cientistas da Universidade do Texas, em Dallas Richardson (EUA), e no Trinity College Dublin (Irlanda). Essas fibras são quatro vezes mais resistentes que a seda natural e 17 vezes mais resistentes que as fibras Kevlar. Elas são apropriadas para uso em tecido eletrônico e podem ser usadas em coletes à prova de bala.

As fibras são feitas por meio de técnica de fiação dos nanotubos de carbono baseados em coagulação. Nanotubos de carbono dispersos em surfactante foram produzidos em banho rotativo de solução aquosa de álcool polivinílico para produzir gel de fibras de nanotubos, os quais são então convertidos em fibras compósitas de nanotubos sólidos em uma taxa de 70 cm por minuto. As fibras produzidas tinham 100 m, 50 μm de diâmetro e continham em torno de 60% em massa de nanotubos. Propriedades das fibras mostraram uma resistência à tração de 1,86 GPa e energia de ruptura de 570 J/g.

Em microscópio de tunelamento, constatou-se que o álcool polivinílico formou uma cobertura amorfa sobre os nanotubos. Cientistas acreditam que a resistência de seda natural ocorre por conta de cadeias amorfas entre blocos cristalinos rígidos de proteínas: o álcool polivinílico pode ter a mesma função nas fibras compósitas de nanotubos de carbono.

Outras melhorias foram feitas nas propriedades das fibras, cuja resistência dobrou, de modo que se tornaram mais fortes que as Kevlar e duas vezes mais fortes que a seda natural – isso significa que sua resistência aumentou quatro vezes em relação à seda natural na tensão e na ruptura.

Muitas aplicações já foram propostas para essas fibras. A fim de demonstrar tal aplicação, a equipe de pesquisadores desenvolveu supercapacitores por recobrimento de fibras de nanotubos com eletrólitos. Esses capacitores foram integrados em têxteis, habilitando o material ao armazenamento de energia elétrica. Outras aplicações promissoras de têxteis eletrônicos incluem sensores distribuídos, interconexões eletrônicas, bloqueadores eletromagnéticos, antenas e baterias.

Fonte: http://www.nanotechweb.org/articles/news/2/6/7/1

Nanopartículas

Nanopartículas e tecnologia de nanopartículas têm enorme potencial de influenciar um grande número de produtos e serviços. Desenvolvimentos já levaram à redução da quantidade de material necessário para a manufatura de produtos, por exemplo, para uma melhor eficiência de combustíveis para carros e aviões. Controle de estrutura em nanoescala é empregado para melhorar o desempenho de materiais magnéticos e esse progresso, por sua vez, levará a progressos no desempenho de motores elétricos e geradores. Outros tipos de materiais, particularmente os usados em baterias e células combustíveis, são aperfeiçoados de forma similar, e os resultados em termos de leveza e portabilidade de baterias, como as usadas em telefones celulares e *laptops*, têm sido substanciais. No controle de propriedades superficiais de têxteis, tintas e revestimentos, materiais melhores foram desenvolvidos com propriedades como respiração ou impermeabilidade à água e roupas e carpetes resistentes a manchas.

Uma nanopartícula interessante, utilizada para aumentar o desempenho de polímeros, se chama silsesquioxano oligomérico poliédrico (POSS). Trata-se de uma única partícula híbrida de sílica/silicone, modificada e de tamanho nanoscópico de sílica, e que é encapsulada por uma camada orgânica, o que torna mais fácil sua incorporação nos polímeros, seja por meio de mistura, seja por copolimerização direta. Materiais POSS foram desenvolvidos pelos laboratórios da Força Aérea dos EUA e, por acordo de transferência de tecnologia, são fabricados pela Hybrid Plastics, em Fountain Valey, Califórnia, EUA. Polímeros baseados em POSS apresentam maiores dureza, resistência à temperatura, retardamento à queima e processabilidade.

Como se trata de um material relativamente novo, seu potencial de aplicações ainda está sendo explorado. Uma nova área de pesquisa envolve o uso de POSS em polímeros com memória estrutural (PME, e SMP em inglês). Um SMP é um material que pode voltar à sua forma anterior quando aquecido a certa temperatura. O efeito pode ser produzido em polímeros, cuja transição vítrea é marginalmente maior que a temperatura ambiente. Tal efeito foi observado em um seleto grupo de poliuretanos, polinorbornenos e transpoliisoprenos.

Aplicações potenciais de PME incluem dispositivos médicos, estruturas organizadas, atuadores, ferramentas customizadas, medidores passivos de históricos de temperatura e músculos artificiais para robôs.

Nanopartículas usadas em catalisadores podem ser muito eficientes em razão do aumento de área superficial em escalas tão pequenas, e estão sendo testadas para uso na produção de plásticos, visando melhorias nas propriedades e versatilidade dos materiais resultantes. São também utilizadas em coloides, que, por sua vez, encontram aplicação em protetores solares, tintas para impressão e tintas em geral.

Pigmentos de tinta – Desenvolvimentos recentes em nanotecnologia oferecem novas oportunidades e são cada vez mais significativos para produtores e consumidores de tinta, fato que permite o desenvolvimento de tais materiais com desempenhos superiores.

A BASF, por exemplo, estima que produtos baseados nesse tipo de tecnologia já contribuem para um aumento de 10% nas vendas. Entre os seus principais produtos nessa área

capítulo 2 – aplicações comerciais

estão os pigmentos em nanoescala, que incluem dióxido de titânio para tintas, elemento com alta capacidade de absorção de luz.

Atualmente, a empresa está trabalhando na produção de nanomateriais para conseguir cores sem o uso de tinturas e pigmentos convencionais. As cores são geradas pela dispersão de nanopartículas de tamanho uniforme, da mesma maneira que a cor é criada pela estrutura ordenada da superfície texturizada da asa da borboleta.

A empresa também desenvolve polímeros superramificados a partir de poliuretanos que, segundo ela, irão resolver o problema de impressoras que necessitam de diferentes sistemas de tinta para a impressão em embalagens de polímeros polares, como poliéster e poliamida, e em plásticos apolares, como polietileno e polipropileno. O grande número de grupos funcionais nos polímeros superramificados proporcionará uma quantidade suficiente de pontos de ancoragem, que permitirá à tinta aderir à superfície do plástico quando a impressão for aplicada.

Jatos de tinta são outra área na qual a tecnologia de nanopartículas também já é utilizada. A Degussa, por exemplo, tem empregado tecnologia de nanopartículas para desenvolver uma gama de pigmentos extremamente pequenos, os quais irão funcionar de maneira eficaz em cartuchos de impressão e atingirão suficiente estabilidade no substrato.

A NanoProducts, nos EUA, anunciou recentemente o lançamento de uma linha de produtos adicionais com nanopartículas desenvolvidas pela PüreNano, como dispersões e tintas. Exemplos de tintas e dispersões disponíveis incluem dielétricos dopados e não dopados, composições condutoras e magnéticas, pigmentos e materiais para revestimento.

Sistemas de retenção e drenagem na manufatura de papel – A indústria do papel utiliza os princípios da nanociência e da nanotecnologia há muitos anos, particularmente para o desenvolvimento de sistemas de retenção e drenagem. O sistema original de nanopartículas, que ainda é usado atualmente, combina nanopartículas aniônicas (sol de sílica coloidal) e amido catiônico. A geração seguinte, introduzida em 1992, inclui sóis de sílica, que foram desenvolvidos para o uso em combinação com poliacrilamida catiônica (C-PAM) sintética. Essas nanopartículas altamente estruturadas reagem significativamente melhor com a C-PAM: esferas de sílica nas nanopartículas estruturadas formam ligações covalentes (via grupos silanol) que não podem ser rompidas pelo cisalhamento da máquina de papel.

Em 2000, a Eka Chemicals lançou o Compozil Select. Trata-se de um sistema de nanopartículas baseado na sexta geração de sílicas coloidais aniônicas e em componentes poliméricos catiônicos, como resina guar, poliacrilamidas e amidos catiônicos. As moléculas de tamanhos extremamente pequenos proporcionam área superficial altamente ativa e alta densidade de carga – características fundamentais para que se produza um aumento de floculação e melhorias na retenção e drenagem.

Um sistema de retenção alternativo, desenvolvido por Buckman Laboratories Inc., usa a nanopartícula sintética de hectorita. A avaliação de seu uso com poliacrilamida catiônica e coagulante em plantas de impressão, operando com moldadores gêmeos de pasta termomecânica e sem tinta, é promissora. A máquina tem operado em velocidades de até 1.500 metros por minuto, com poucos sinais de problemas de controle de água.

Nanocompósitos

Os nanocompósitos estão aumentando sua presença na tendência atual de processamento de polímeros. Os materiais são feitos a partir de uma variedade de polímeros e contêm baixo conteúdo de cargas de partículas minerais nanométricas (abaixo de 6% em massa), por exemplo, argilas, das quais a montmorilonita é o tipo mais comum, usado para a formação de nanocompósitos. Outros tipos de argila podem ser usados dependendo das propriedades requeridas pelo produto. Essas argilas incluem hectoritas (silicatos de magnésio), que contêm pequenas lamelas, e argilas sintéticas, que podem ser produzidas de forma muito pura, com lamelas carregadas positivamente, em contraste com as carregadas negativamente, encontradas em montmorilonitas. A rota sintética para a manufatura de nanocompósitos depende de o material final apresentar morfologia intercalada ou esfoliada (ver Figura 2-6).

Figura **2-6**
Tipos de nanomateriais poliméricos em camadas

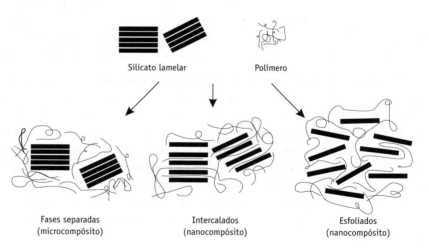

Fonte: Pira International Ltd

No caso do intercalado, o componente orgânico é inserido entre as camadas da argila de tal forma que o espaço intercamadas é expandido, porém as camadas de argila continuam com uma relação espacial bem definida entre elas. Na estrutura esfoliada, as camadas de argila são completamente separadas e as camadas individuais são distribuídas pela matriz orgânica.

Se a mistura polímero-argila não resultar em morfologia intercalada ou esfoliada, o material resultante é um microcompósito.

capítulo 2 – aplicações comerciais

A seleção correta de argila modificada é essencial para assegurar uma intercalação do polímero ou do seu precursor no espaço entre as camadas, e resulta no material esfoliado ou intercalado desejado. Polímeros podem ser incorporados diretamente ou via monômero, que é polimerizado *in situ* a fim de se obter o nanocompósito polímero-argila. O segundo caso é o de maior sucesso de incorporação do polímero à argila, apesar de limitar a aplicação final desses sistemas. Polímeros também podem ser introduzidos por extrusão ou mistura em solução.

Tanto termorrígidos como termoplásticos têm sido empregados na obtenção de nanocompósitos, que incluem:

- poliamidas (náilons);
- poliolefinas, por exemplo, polipropileno;
- poliestirenos;
- copolímero acetileno/acetato de vinila;
- resinas de epóxi;
- poliuretanos;
- poliamidas;
- poli(tereftalato de etileno).

No entanto, a incorporação de nanopartículas de argila funciona extremamente bem com termoplásticos, mas não funciona bem com termorrígidos.

A geração atual de materiais nanocompósitos tem mostrado características de desempenho melhoradas, tais como estabilidade térmica (ver Figura 2-7), maior resistência mecânica e impermeabilidade (ver Figura 2-8).

A pesquisa em nanocompósitos está disseminada, conduzida tanto nas indústrias como nas universidades. Fornecedores de plásticos que já comercializam materiais nanocompósitos incluem Basell USA, Bayer, Dow Chemical, Eastman Chemical, Honeywell e RTP Co.

Muitos dos esforços dessas empresas são focados em poliolefinas ou poliamidas, porém, em teoria, nanopartículas de argila podem ser empregadas em qualquer família de resinas. Cada polímero, no entanto, requer um tipo específico de argila modificada para ser compatível e eficientemente disperso.

Estudo de caso: nanocompósitos de poliolefina – Nanocompósitos de poliolefina foram produzidos com sucesso empregando-se montmorilonita previamente modificada e disponível comercialmente (Nanomer). Os nanocompósitos se destacam por suas propriedades mecânicas, como resistência à tensão (ver Tabela 2-2), e por sua estabilidade dimensional. Eles também apresentam maior barreira a gases, particularmente a oxigênio. O processamento de nanocompósitos normalmente é realizado em extrusoras de rosca dupla, que podem estar acopladas a processos de moldagem por injeção, sopro e obtenção de filmes.

Figura **2-7**
Aumento da estabilidade térmica de uma resina termoplástica (PEAD) com adição de argila

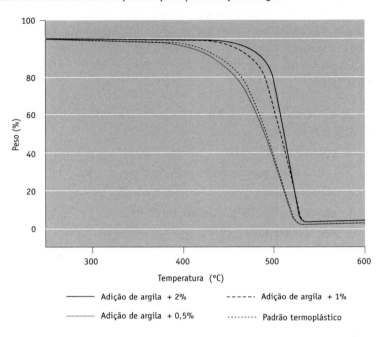

Fonte: QinetiQ Nanomaterials

Figura **2-8**
Taxa de transmissão de vapor de água em uma resina termoplástica (PEAD)

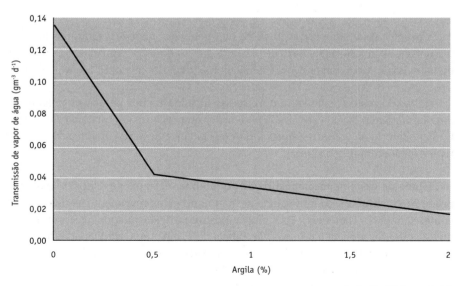

Fonte: QinetiQ Nanomaterials

capítulo 2 – aplicações comerciais

Tabela 2-2

Propriedades de ensaio sob tração de nanocompósitos em polipropileno

Qualidade do nanômero	Nível de carga (peso%)	Resina	Resistência à tração (MPa)	Melhora	Módulo de elasticidade (MPa)	Melhora
Controle	0	TPO	19,6	/	957	/
1,44PA	6,0	TPO	23,5	+20%	1.458	+53%
Controle	0	HPP	31,3	/	1.388	/
1,44PA	6,0	HPP	35,5	+13%	2.180	+57%

Fonte: Pira International Ltd

Nanocompósitos polímero-silicatos lamelares são plásticos contendo baixos níveis de minerais dispersos na forma de lamelas e com pelo menos uma dimensão nanométrica. O mineral mais comum é a argila montmorilonita. Sua razão de aspecto excede 300, levando a melhores propriedades de barreira e mecânicas. A cada 1% em massa de argila incorporada há uma melhora de 10% nas propriedades mecânicas. A interação com moléculas de resina altera a morfologia e a cristalinidade da matriz polimérica, ocasionando melhores propriedades de impermeabilidade, resistência e estabilidade.

Fonte: www.nanocor.com

Materiais como compósitos de nanossílica já são aplicáveis na indústria automotiva. Por exemplo, a Volvo desenvolveu pesquisas para o uso de nanocompósitos de poliolefina termoplástica (TPO) para painéis internos de automóveis, demonstrando que painéis moldados com TPO e 5% de montmorilonita (MMT) têm maior resistência sob flexão e impacto que painéis feitos a partir de TPO com 20% de talco.

As empresas automobilísticas interessam-se bastante por nanocompósitos, pois estão sempre à procura de maneiras de produzir partes mais leves e resistentes para reduzir o peso dos automóveis. De fato, foi o laboratório central de P&D da Toyota o pioneiro no desenvolvimento de nanocompósitos há mais de dez anos, quando encontrou uma forma de dispersar MMT em poliamida-6. O nanocompósito poliamida-argila foi posteriormente usado para moldar por injeção a cobertura da correia de transmissão.

A propriedade de retardante a chamas de nanocompósitos foi descrita em publicações especializadas por cientistas do Building and Fire Research Laboratory, pertecente ao National Institute of Standards and Technology, nos EUA. Em testes de inflamabilidade, eles descobriram que as resinas com base de MMT exibiam de 50% a 75% de redução na taxa de liberação de calor e que formavam um resíduo carbonáceo na superfície que isola o material interior. A aplicação comercial da propriedade antichamas foi feita pela Süd-Chemie, que comercializa nanoargilas orgânicas modificadas (Nanofil) como aditivos poliméricos para retardante de chamas, e pela Bayer, que produz um retardante de chamas baseado nos nanocompósitos policarbonato/acrilonitrila-butadieno-estireno (Bayblend).

As propriedades superiores de barreira de nanocompósitos tornam esses materiais atrativos para aplicações médicas e para o setor de embalagens. Por exemplo, a Eastman introduziu um PET baseado em MMT chamado Imperm e que é desenvolvido pela Nanocor. Eastman afirma que a Imperm apresenta desempenho de barreira de três a seis vezes melhor que barreiras típicas de poliamida.

Estudo de caso: frasco com alta barreira M9 da Nanocor – Um produtor de frascos multicamada para ketchup tinha taxa de resíduos plásticos maior que a aceitável para seu produto, o que era atribuído a dificuldades no processamento EVOH como camada de barreira a gases. Esse produtor procurava substituir o copolímero de etileno e álcool vinílico (EVOH) por material mais barato e que permitisse um processamento mais simples, mas mantivesse as propriedades de barreira.

Metas:

▶ substituir EVOH por M9;

▶ reduzir a porcentagem de resíduo decorrente da delaminização;

▶ manter o nível de barreira atual;

▶ manter custos.

A camada de EVOH foi substituída. Adicionalmente, o Imperm eliminou a necessidade de camadas adesivas, o que reduziu os níveis de resíduos em 71%, enquanto manteve as propriedades de barreira com o mesmo custo, em razão de menores níveis de resíduos.

O produtor dos frascos atingiu todas as suas expectativas originais, incluindo menores níveis de resíduo, mantendo as propriedades de barreira e o projeto economicamente competitivo. De modo especial, o uso das camadas adesivas deixou de ser feito e as propriedades de barreira foram melhoradas em testes de alta umidade. A economia nos custos foi obtida, pois o Imperm atingiu significativas reduções nos níveis de resíduo do produto.

O produtor pôde conduzir um teste completo do Imperm e passou à etapa comercial sem modificar as condições de processamento.

Fonte: http://www.nanocor.com/cases/case_m9.asp

Nanocompósitos plásticos são usados para embalagens comerciais; nanotubos de carbono, para melhorar embalagens de componentes eletrônicos. A incorporação de nanotubos de carbono a materiais compósitos torna-os mais resistentes e leves. Embalagens inteligentes que percebem se o produto deteriorou ou foi adulterado é uma extensão desses progressos.

Compostos de nanossílica porosa são capazes de melhorar materiais isolantes. O sólido de baixa densidade e alta porosidade pode ser usado em um intervalo de temperaturas com aplicações em muitas áreas, desde refrigeradores e *freezers* até tubos para isolamento térmico.

Nanocompósitos agora são feitos usando-se uma crescente variedade de matrizes de resinas, incluindo policarbonatos, ácido poliláctico biodegradável e polianilina inerentemente condutiva (ver Tabela 2-3).

capítulo **2** - aplicações comerciais

27

Tabela **2-3**

Exemplos de nanocompósitos

Fornecedor e nome do produto	Resina-matriz	Nanopreenchedor	Mercado-alvo
Bayer AG (Durethan LPDU)	Poliamida-6	Organoargila	Filmes impermeáveis
Clariant	PP	Organoargila	Embalagem
Creanova (Vestamid)	Poliamida-12	Nanotubos	Condutores elétricos
GE Plastics (Noryl GTX)	PPO/Poliamida	Nanotubos	Partes automotivas pintadas
Honeywell (Aegis)	Poliamida-6 Poliamida impermeável	Organoargila Organoargila	Multipropósito Garrafas e filmes
Hyperion	PETG, PBT PPS, PC, PP	Nanotubos	Condutores elétricos
Kabelwerk Eupen	EVA	Organoargila	Fios e cabos
Nanocor (Imperm)	Poliamida-6, PP Poliamida MDX6	Organoargila Organoargila	Multipropósito Garrafas PET de cerveja
Polimeric Supply	Polímero não saturado	Organoargila	Marítimo, transporte
RTP	Poliamida-6, PP	Organoargila	Multipropósito eletricamente condutivo
Showa Denko (Systemer)	Poliamida-6 Acetal	Argila, mica Argila, mica	Retardante de chamas Multipropósito
Ube (Ecobesta)	Poliamida-6, 12 Poliamida-6, 66	Organoargila Organoargila	Multipropósito Sistema de combustível automotivo
Unitika	Poliamida-6	Organoargila	Multipropósito
Yantai Haili Ind & Commerce China	UHMWPE	Organoargila	Tubulações resistentes a terremotos

Fonte: http://www.plasticstechnology.com/articles/200110fa3.html

As nanopartículas usadas hoje incluem sílica nanoestruturada, nanotubos de carbono, nanofibras cerâmicas em adição a argilas.

Crescimento futuro – O campo de nanocompósitos ainda é pouco explorado. Apesar de o primeiro nanocompósito ter sido desenvolvido comercialmente pela Toyota CRDL, no Japão, em fins dos 1980, foi só recentemente que se iniciaram grandes esforços de pesquisa, os quais agora resultam em oportunidades comerciais. Poliamida-6 foi o primeiro polímero a ser usado no desenvolvimento de nanocompósitos, aproximadamente, há uma década.

nanotecnologia em **embalagens**

Atividades nesse setor se espalharam por todas as regiões do mundo e hoje são inúmeros os programas focados na criação de compostos baseados em PP, PET, PVC, acrílico, e uma gama de elastômeros, bem como os tradicionais termorrígidos.

O mercado global de nanocompósitos em 2000 era de 1,3 milhão de toneladas, das quais 66% eram de poliamida reforçada com nanoargila produzida no Japão pelas indústrias Unitika e Ube, para aplicações automotivas e de embalagem, respectivamente. O outro terço foi preenchido com ligas de polioxifenileno (PPO) poliamida, com inserções de nanotubos produzidos na América do Norte para uso em peças automotivas. Existe uma série de projeções otimistas para o crescimento, sugerindo que o mercado atingirá 500 milhões de toneladas em 2009, dos quais 80% serão de compostos de nanoargila reforçada.

A tecnologia de nanocompósitos é aplicável a uma gama de polímeros, passando pelas classes de materiais termoplásticos, termorrígidos e elastômeros. Espera-se que essa aplicabilidade resulte em 20 produtos de polímeros compostos com nanoargila a serem comercializados nos próximos dez anos.

Filmes – Filmes desenvolvidos a partir de nanocompósitos têm se tornado cada vez mais disponíveis comercialmente. Em 1999, a Bayer AG apresentou um filme de poliamida que contém partículas extremamente pequenas de bentonita para aplicação em embalagens. O filme apresentou melhorias de 50% nas propriedades de barreira ao oxigênio. Filmes para embalagens similares estão disponíveis nos EUA e no Japão.

Estudo de caso: nanocompósito poliamida-6 para filme extrudado – Um novo produto para filmes extrudados, os quais incorporam argilas organofílicas à poliamida via extrusão, foi desenvolvido pela RTP Company. Essa forma de nanocompósito, leve em peso, requer somente de 2% a 8% de carga para exibir propriedades equivalentes ou melhores que compostos com 20% a 30% de cargas minerais comuns.

A maior vantagem desses materiais em filmes é que apresentam uma redução de quatro vezes na taxa de transmissão de oxigênio (OTR) quando comparados com poliamida-6 sem carga. Propriedades de barreira contra umidade, gases e fragrâncias são significativamente melhoradas, o que torna essa classe de materiais uma excelente escolha para aplicações nas indústrias de cosméticos, alimentos, produtos médicos e eletrônicos. Os materiais em forma de filme têm boa transparência e ajudam a dar visibilidade aos conteúdos de embalagens termoformadas.

Melhorias notáveis, como o aumento de 35 °C na temperatura de deflexão, de 1/3 na resistência à tração, e de 50% no módulo de flexão, são apresentadas pelos nanocompósitos. Tal fato os torna substitutos úteis para vidros quando o produto vítreo não pode ser considerado devido a gravidade específica (seu peso), encolhimento da forma e desgaste. O nanocompósito de poliamida com 5% de nanoargila equivale a um compósito convencional com 20% de carga inorgânica de dimensões micrométricas. Além disso, o nanocompósito poliamida/argila apresenta uma densidade final pouco superior à da poliamida pura, porém bem inferior à do compósito.

capítulo 2 – aplicações comerciais

Os novos compostos têm processamento tão simples quanto a poliamida pura. Sua viscosidade não degrada com o tempo e é menor em taxas de cisalhamento por causa da orientação das lamelas da argila organofílica.

Fonte: www.rtpcompany.com

Revestimentos – Revestimentos são nanomateriais importantes e aplicáveis de diversas formas, desde vidros resistentes a risco até sistemas autolimpantes. Um desses exemplos é o revestimento compósito nanocerâmico, feito de alumina e titânio, que a Inframat Corp., empresa privada de nanotecnologia fundada em 1996 e com sede em Farmington, Connecticut, EUA, atualmente manufatura com o nome comercial Nanox 2613. Essa nanocerâmica de alumina/titânio exibe melhoria de seis vezes em desgaste e duas vezes em resistência e dureza de ligação, quando comparada com a alternativa de cerâmica normal. O custo de US$ 30-US$ 50/lb é relativamente alto, porém os benefícios finais dos nanocompósitos resultam em ganhos financeiros. Por exemplo, a Marinha dos EUA já utiliza revestimento nanoestruturado em uma série de aplicações que incluem válvulas de ar e exaustão para submarinos. Graças a esse revestimento, economizam-se US$ 400.000 por embarcação – em outras palavras, uma economia estimada de US$ 20 milhões nos próximos dez anos. Revestimento de cabos de propulsão de caça-minas resultará em economias de US$ 1 milhão por navio.

O Nanox tem sido utilizado como revestimento para tanques, hastes de periscópios, válvulas e uma variedade de componentes de maquinário submerso em ambientes marinhos.

Uma empresa de mineração que extrai níquel e cobalto de minério de baixa qualidade testou válvulas recobertas com esse produto. Essas válvulas precisam suportar lamas de altas pressões provenientes do processo de moagem de rochas em ambientes extremamente ácidos. Válvulas convencionais duram apenas algumas horas, enquanto as revestidas resistem por alguns dias.

Na indústria automotiva, o Nanox está sendo testado para aplicações em escapamentos e tubulações. Empresas de gás e petróleo avaliam seu uso em rotores de bombas para turbinas comerciais e bombas de injeção de combustível. Outras aplicações sugeridas incluem impressão e indústria de papel.

Revestimentos baseados em nanocompósitos têm potencial de uso como solução para garrafas plásticas de cerveja, uma vez que tentativas anteriores do uso de plástico resultaram em problemas de sabor. Uma companhia japonesa, a Nano Material Inc., desenvolveu um processo de microgravura para revestimento de filmes plásticos, tais como PET, usando nanocompósito impermeável.

Estudo de caso: NanoTech Coatings GmbH – Essa empresa fabrica revestimentos que aderem bem em camadas secas de apenas algumas mícrons de espessura em várias bases que incluem, por exemplo, metal, vidro, cerâmica e plástico. Uma área-chave é o desenvolvimento e produção de camadas não corrosivas para ligas leves, como alumínio e magnésio, isto é, materiais que ganham importância na área de desenvolvimento tecnológico em todo o mundo.

A manufatura de híbridos inorgânico-orgânico por processo sol-gel é a base da maioria dos materiais nanotecnológicos para a proteção de superfícies. As características de tais materiais incluem:

- não necessitam de cromagem;
- boas qualidades de adesão em ligas leves;
- pigmentados e transparentes;
- camadas finas (3-5 µm transparentes, 10-15 µm pigmentados);
- excelente proteção contra corrosão;
- resistência à tensão mecânica;
- resistência a solventes orgânicos;
- resistência a altas temperaturas (atualmente, 700 °C);
- propriedades de barreira para metais pesados, aromas e vários gases;
- repelência à água e ao óleo;
- transparentes ou pigmentados – superfícies com uma variedade de cores tornam-se viáveis pela utilização de superfícies nanotecnológicas.

Fonte: http://www.ntcgmbh.com/en/html/produkt_content.html

Revestimentos à base de minerais para papel e papelão sempre empregaram variações de partículas minerais para desenvolver propriedades superficiais específicas para o substrato revestido. Tais desenvolvimentos continuarão e envolverão partículas minerais nanoestruturadas para produzir superfícies mais recobertas. Pesquisas também são realizadas para verificar o potencial de híbridos de nanoargila encapsulada em polímero e sua aplicação em revestimento para papel.

As propriedades de nanocompósitos com base de poliamida em revestimento para papel foram investigadas pela Bayer em experimentos de revestimento por extrusão. A empresa usou estruturas de camadas baseadas em:

- papel;
- polietileno – 5 g/m^2;
- adesivo – 5 g/m^2;
- nanocompósito de poliamida – 5-40 g/m^2;
- adesivo – 5 g/m^2;
- polietileno – 10 g/m^2.

Melhorias nas propriedades de barreira foram obtidas. Em média, as taxas de transmissão de oxigênio de filmes de nanocompósitos foram 30% mais baixas que o observado em filmes-padrão.

Fibras – Tecidos inteligentes também são desenvolvidos, desde os resistentes a manchas e que não amassam até os que respondem a alterações do ambiente. Por exemplo, a Toray Industries Inc. focou o desenvolvimento de fibras usando nanotecnologia e conseguiu propriedades higroscópicas melhores que as do algodão, por meio do uso de poliamida extremamente fina, medindo algumas dezenas de nanômetros – um centésimo do tamanho das fibras tradicionais.

capítulo **2** – aplicações comerciais

Movidas por questões de defesa, pesquisas no Massachusetts Institute of Tecnology (MIT), nos EUA, estão tentando criar uniformes de guerra do século XXI, o que tem levado a pesquisas investigativas de materiais inteligentes que respondem ao ambiente, sensores capazes de detectar armas químicas e biológicas, e roupas leves e à prova de bala. Existem também tentativas de incorporar detecção de ferimentos e sistemas de tratamento aos uniformes.

Estudo de caso: Massachusetts Institute of Technology – O MIT obteve um contrato de cinco anos com as Forças Armadas dos EUA para formar um centro de desenvolvimento de equipamentos de combate usando nanotecnologia. A pesquisa planeja o desenvolvimento de uniformes tipo camaleão e materiais que poderiam proteger os soldados por meio da detecção de perigos como projéteis (balas) e agentes químicos, bem como monitorar os sistemas vitais e até a cura de ferimentos.

Um Instituto para Soldados Nanotecnológicos, com contrato de US$ 50 milhões em cinco anos, será estabelecido no MIT e dirigido pelo professor Edwin Thomas, do Departamento de Ciência de Materiais e Engenharia. A base para todo o conceito de uniformes de guerra para soldados é um amálgama de tecidos e o seu desenvolvimento trará muitas capacidades em um único uniforme.

O uniforme será projetado para criar talas e ataduras rígidas automaticamente. O preenchimento das fibras ocas por fluidos ferrosos permitirá que o uniforme passe de flexível para uma carapaça ou tala para um osso quebrado quando o soldado ferido ativar uma fonte de energia.

A pesquisa será direcionada para o projeto do uniforme que ajudará o soldado a não ser visto, o que será possível pelo uso de sensores por meio dos quais o uniforme se combinará com qualquer ambiente. Os soldados usariam botas que produziriam e armazenariam energia e, se necessário, saltariam até 6 metros.

Fonte: Technical Textiles Markets, 3rd quarter 2002

Enquanto o poliéster é tecido com baixa capacidade de absorção de água, a Kanebo, Ltd, aumentou 30 vezes suas propriedades higroscópicas, revestindo-o com um filme especial de algumas dezenas de nanômetros de espessura. Além disso, a tecnologia desenvolvida nos EUA pode controlar moléculas de tecidos auxiliares no nível de algumas dezenas de nanômetros, produzindo fibras naturais e sintéticas que repelem água.

Estudo de caso: Schoeller Textiles AG – Um processo de acabamento para fibras que as torna repelentes e autolimpamtes foi desenvolvido pela Schoeller Textiles, na Suíça.

O processo, chamado NanoSphere, inspirou-se na natureza e foi concebido pela nanotecnologia. Certas folhas de plantas, carapaças de besouros e asas de insetos sempre se mantêm limpas. Em razão das dificuldades de aderência de partículas de sujeira às suas superfícies infinitesimalmente estruturadas e rugosas, uma única gota de chuva é suficiente para limpá-las. Schoeller conseguiu imitar esse processo após anos de exaustivas pesquisas e com o advento da nanotecnologia. Aplicando essa tecnologia a têxteis, uma estrutura superficial e tridimensional é criada limitando a superfície de contato para partículas de sujeira. As partículas remanescentes são suspensas em gotas de água e são facilmente levadas quando essas gotas se desprendem.

Os têxteis da Schoeller, com o acabamento de NanoSphere, estão disponíveis desde o início de 2001, e nesse mesmo ano receberam o reconhecimento do prêmio Design Prize Switzerland para projeto têxtil.

A NanoSphere é naturalmente autolimpante. Manchas, como ketchup, mel, café, vinho tinto, óleo e graxa, assim como água, são removidas facilmente da superfície tratada com nanopartículas. A propriedade autolimpante se mantém mesmo após diversas lavagens.

NanoSphere é apropriada para uso em muitos tipos de vestuário. Outras aplicações, por exemplo, em mobília para casas ou no setor médico, são certamente possíveis.

Fonte: http://www.smalltimes.com e http://www.schoeller-textiles.com

Estudo de caso: Nano-Tex – O tecido avançado Nano-Touch combina a durabilidade das fibras sintéticas com o toque do algodão. Características e benefícios desejados – e comumente encontrados no tecido de algodão – incluem suavidade do toque e conforto. Por meio de entrelaçamentos permanentes (similar a um agasalho de algodão) da embalagem tipo algodão em torno da fibra sintética, a Nano-Tex combinou essas características com os desempenhos desejados da fibra sintética, como resistência, durabilidade, cor e retenção de dobras ou rugas.

A tecnologia de tecidos Nano-Touch elimina a necessidade do tradicional processo de fiação ou mistura de fibras. Trabalhando no nível molecular para aplicar uma camada exterior de propriedades tipo algodão sobre as fibras sintéticas, a tecnologia proprietária combina o conforto e o desempenho característicos das duas classes de fibras.

A Nano-Tex, LLC, é uma companhia de materiais avançados que usa tecnologia proprietária para criar, modificar e melhorar tecidos na escala molecular. Outros produtos tecnológicos avançados da Nano-Tex incluem: Nano-Care, que supre tecidos de algodão com propriedades de rejeição a água e óleo e que não amassam; Nano-Dry, que supre tecidos sintéticos com propriedades de controle de umidade, permitindo secagem rápida e conforto aumentado; e Nano-Pel, que supre tecidos com múltiplos substratos, detendo propriedades de rejeição a água e óleo.

Fonte: www. Nano-Tex.com

Fibras poliméricas podem ser feitas utilizando processo de eletrofiação. Esse processo usa campo elétrico para fiar o polímero fundido ou uma solução polimérica de um capilar até o coletor (ver Figura 2-9).

Os jatos finos secam para formar as fibras poliméricas, que podem ser coletadas em uma teia. Pela escolha de um sistema apropriado de polímero e solvente, e pelo controle dos parâmetros da eletrofiação, a geração de teias de nanofibras com diferentes características de filtração é conseguida. Em geral, nanofibras com diâmetros entre 40 e 2.000 nanômetros podem ser produzidas.

Muitos compósitos de teias de nanofibras foram usados em aplicações de filtragem, nas quais promovem aumento na eficiência sem aumento substancial na pressão das gotas. Muitos desses filtros são feitos a partir de teias de membranas de filtro de nanofibra com espessuras que excedem 610 nm. Uma manufatura comercial de compósitos de nanofibras de poliamida atualmente produz volumes de mais de 10 mil m^2 por dia.

Figura 2-9
O processo de eletrofiação

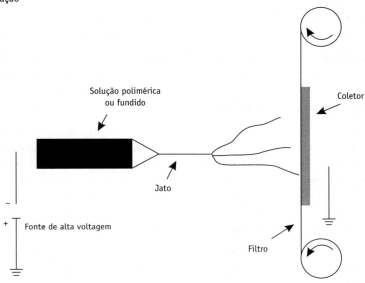

Fonte: International Nonwovens Journal, spring 2003, p. 51

Como as nanofibras não podem ser controladas por equipamentos convencionais sem suporte adicional, elas foram usadas em estruturas compósitas com alguns outros materiais para lhes dar suporte. Com maior disponibilidade de quantidades de produtos de teias de nanofibras, aumentará a incorporação em uma gama de produtos, como tecidos impermeáveis e produtos médicos e farmacêuticos.

A empresa coreana NanoTechniques Inc. desenvolveu uma tecnologia de produção em massa para nanofibras baseada no método de radiação de escurecimento. Fibras ultrafinas são produzidas pela formação de eletromagnetismo em torno de um íon no líquido da macromolécula, com segmentação do líquido por potência elétrica. O método pode ser usado para a produção em massa de nanofibras a partir de uma variedade de macromoléculas sintéticas e biológicas, todas com diâmetros uniformes. A densidade de teias também é ajustável. A empresa pode produzir 40 toneladas de nanofibras de poliamida-6 e poliamida-66 por ano.

Nanofibras de carbono também foram produzidas pela NanoTechniques. Quando produzidas como um papel, essas nanofibras exibem excelente condutividade elétrica e permeabilidade ao ar. Produtos feitos com elas podem ser usados como filtros ou como blindagem para radiação eletromagnética.

Pesquisas também têm sido realizadas na Finlândia para determinar o potencial para a nanoestruturação da parede celular da madeira com o objetivo de se obter um papel melhor, bem como para produzir fibra de celulose e compostos misturados de vários minerais.

Materiais nanoestruturados produzidos por automontagem

O estudo da natureza da automontagem de moléculas está fornecendo as bases para uma expansão rápida de pesquisa e desenvolvimento em nanotecnologia. As propriedades físicas da matéria são altamente dependentes do tamanho. Dado que, para partículas esféricas no intervalo nanométrico, a separação dos níveis eletrônicos de energia é inversamente proporcional ao quadrado do raio da partícula, é evidente que as nanopartículas irão exibir novos e interessantes fenômenos que podem ser usados em diversas aplicações.

Estudo de caso: automontagem de nanotubos de carbono de parede única – Pesquisadores da Florida State University, nos EUA, obtiveram nanotubos de carbono automontados pela deposição de padrões de moléculas em uma superfície. Essa técnica tem potencial de aplicação em manufatura de pastilhas de dispositivos baseados em nanotubos.

Para conseguir isso, os pesquisadores revestiram diretamente substratos com padrões de moléculas orgânicas usando determinadas técnicas, como nanolitografia e estampagem de microcontato. Eles criaram duas regiões superficiais – uma de grupos químicos polares, como amina ou carboxila, e outra revestida com grupos não polares, como metila. Tais substratos são então adicionados a uma suspensão de nanotubos de carbono de parede única. Esses nanotubos são atraídos para as regiões polares e, por automontagem, formam as pré-designadas estruturas. O processo de automontagem usualmente leva menos de 10 segundos.

Os pesquisadores montaram milhões de nanotubos individuais em micropadrões gerados por estampagem, cobrindo áreas de mais ou menos 1 centímetro quadrado em ouro. Eles conseguiram rendimento maior que 90%. Para baixas concentrações de nanotubos (aproximadamente 0,02 mg por ml), um único nanotubo se montou no centro de cada padrão molecular, apesar de existir espaço suficiente para mais de um.

O processo também foi incorporado aos métodos tradicionais de microfabricação. Nanotubos individuais foram montados entre dois padrões de moléculas polares por estampagem em eletrodos de ouro microfabricados. Os circuitos de nanotubos resultantes mostraram-se capazes de conduzir pequenas correntes em uma ponta de microscopia de força atômica usando uma sonda condutora.

O grupo de pesquisa está agora aplicando essa estratégia a outros nanofios, como nanofitas de óxidos metálicos e nanofios de silício.

Fonte: http://nanotechweb.org/articles/news/2/9/2/1

Moléculas sufactantes, que possuem duas ou mais seções com estruturas químicas distintas, podem formar fases nanoestruturadas complexas por automontagem. A característica-chave dos materiais resultantes é que eles são hierárquicos. Uma série de moléculas se unem para formar uma estrutura, como esferas ou bastões, com dimensões de extensão nanométrica. Essas estruturas então se automontam em forma regular. O sabão sempre foi nanoestruturado e os produtores sempre souberam como sua composição pode ser ajustada para fornecer diferentes propriedades. Recentemente, a relação entre sua estrutura em nanoescala e suas propriedades foi elucidada, permitindo um maior controle da forma da estrutura desejada.

As estruturas em nanoescala formadas por moléculas tipo sabão são intrinsecamente flexíveis, mas podem ser usadas como moldes para a síntese de materiais mais rígidos, isto é, construindo junções funcionais nas moléculas que, então, terão precisamente controlada a porosidade em nanoescala. Esses materiais, que terão alta razão superfície-volume, são candidatos a se tornarem novos e eficientes catalisadores.

O princípio de automontagem do sufactante foi usado por pesquisadores do Sandia National Laboratories, nos EUA, para desenvolver a chamada tinta inteligente. O processo, que evita moldes, máscaras e camadas resistivas comuns na maioria dos processos de litografia, produz uma tinta que, ao secar, se automonta em camadas ordenadas de cavidades muito pequenas ou, mais especificamente, em poros nanoscópicos interconectados. Nessas cavidades, moléculas podem sondar qualquer gás ou fluido, luz *laser*, ou campos elétricos e magnéticos que estiverem passando. A nova tinta pode ser impressa facilmente e de forma barata com impressoras normais de jato de tinta, ou escrita com canetas de litografia. Ligar um sistema computadorizado de desenho com uma impressora de jato de tinta permitiria a criação de uma nanoestrutura funcional que apenas momentos antes era somente desenho em uma tela de computador.

Materiais poliméricos também podem ter seções com estruturas distintamente diversas, as quais permitem sua automontagem em morfologias complexas, cujas unidades básicas têm dimensões na escala do nanômetro. Alguns desses materiais, como elastômeros termoplásticos, já são comercializados. Futuros desenvolvimentos podem viabilizar seu uso em optoeletrônica, como cristais fotônicos, e em ciências biológicas, como esqueletos para órgãos artificiais.

Os exemplos mais específicos de engenharia de automontagem são encontrados na natureza. O enovelamento de proteínas e o mecanismo-base do emparelhamento do DNA são bons exemplos disso.

Pontos e fios quânticos

São essencialmente dispersões muito finas ou coloides de uma variedade de materiais. As propriedades elétricas e óticas de materiais tão finamente divididos são enormemente influenciadas por efeitos quânticos. Por exemplo, partículas em nanoescala de materiais semicondutores, como seleneto de cádmio e arseneto de gálio, são conhecidas como pontos quânticos. O tamanho deles é tal que efeitos quânticos mudam os níveis de energia dos seus elétrons, o que significa que seu espectro ótico e de fluorescência depende das dimensões, ou seja, sua cor muda com o tamanho.

O potencial de aplicação desses pontos e fios quânticos é em novos tipos de *lasers* e diodos emissores de luz. Eles podem também ser usados como tintura e marcadores para moléculas em experimentos biológicos. Similarmente, existem técnicas químicas disponíveis para a produção de bastões de material semicondutor com dimensão transversal em nanoescala. Esses fios quânticos podem ser usados como componentes úteis em eletrônica molecular. Exemplos de pontos semicondutores estão disponíveis no mercado para aplicações de mapeamento biológico, e pontos de metais magnéticos se mostram viáveis como meio de gravação.

Estudo de caso: pontos quânticos como a chave para ruptura científica – Novos produtos de nanotecnologia ganharam rápida aceitação durante seu primeiro ano de disponibilidade comercial e a revista *Science* nomeou a tecnologia de biomapeamento com pontos quânticos como um dos dez melhores avanços científicos de 2003. Nesse mesmo ano, alguns estudos marcantes do sistema nervoso humano foram feitos com produtos da Quantum Dot Corporation (QDC) – partículas em nanoescala que brilham com cores fortes em atividades biológicas.

Figura **2-10**
Imagem de pontos quânticos obtidos por microscópio de força atômica (AFM)

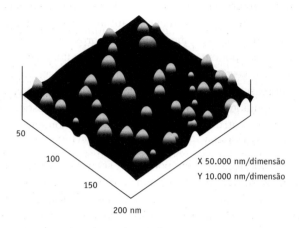

Fonte: www.mse.mtu.edu/mbe/q-dots.gif

A revista *Science* reconheceu os pesquisadores franceses por seu trabalho usando nanocristais Qdot da QDC para mapeamento neuronal. Tais pesquisadores utilizaram esse tipo de nanocristais para acompanhar receptores de glicina em células neuronais vivas, revelando mais claramente que antes como trabalha o sistema nervoso humano. O entendimento detalhado desses mecanismos fundamentais será relevante na produção de melhores medicamentos para várias doenças, como depressão e esquizofrenia.

Também foi ressaltado pela *Science* o trabalho do Dr. Dan Larson e colegas no laboratório do professor Watt W. Webb, e S. B. Eckert, professor de Engenharia na Universidade Cornell e líder da equipe de imageamento experimental na Cornell. Nesse estudo, os cientistas usaram nanocristais Qdot para mapeamento de tecido profundo em animais vivos. Os pontos quânticos permitiram aos pesquisadores visualizar o sangue de ratos fluindo, brilhando abaixo da pele. Os nanocristais de tamanho molecular possibilitaram um mapeamento tão fino que cientistas podiam ver as ondas nas paredes das veias a cada batida do coração – 640 vezes por minuto.

A QDC lançou seu primeiro produto de biomapeamento em 2002 e agora comercializa um portfólio de produtos que cresce a uma base de mais de 1.000 clientes científicos em todo o mundo. Em janeiro de 2003, a QDC e cientistas da Genentech publicaram um trabalho conjunto descrevendo o uso de pontos quânticos na detecção ultrassensível de câncer de mama. Em agosto desse mesmo ano, a QDC anunciou grande iniciativa estratégica com a Matsushita/Panasonic para o desenvolvimento de biossistemas para a detecção de nanocristais Qdot.

Fonte: http://www.qdots.com

Estudo de caso: Evident Technologies produz quantidades comerciais de pontos quânticos – A empresa americana Evident Technologies, do estado de Nova York, está produzindo quantidades

capítulo **2** – aplicações comerciais

37

de nanocristais semicondutores de alta precisão e tornando-os disponíveis para os pesquisadores. Os nanocristais EviDot possuem tolerâncias precisas de tamanho, o que os torna ideais para aplicações mais exigentes.

EviDots são novos pontos quânticos que aumentam e expandem as aplicações em nanotecnologia, ótica fotônica, nanoeletrônica e outros campos de uso. Eles deparam com o crítico desafio de medidas de fluorescência de precisão. Esses materiais de pontos quânticos únicos exibem fluorescência brilhante e são estáveis, têm vida longa, emissão em qualquer cor do espectro visível e de cor precisa. Além disso, todas as cores são estimuladas simultaneamente pela mesma fonte.

Nanocristais EviDots são intensificados por uma tecnologia de revestimento que melhora sua estabilidade e brilho em condições complexas de vários ambientes de aplicação. Suas características incluem:

- *Alto rendimento quântico:* oferece sensibilidade superior de detecção devido à sua alta intensidade de fluorescência.
- *Emissão fluorescente próxima:* produz resolução espectral fina.
- *Fotoestabilidade/inorgânica:* desaparecimento do revestimento fotossensível (ou fotoalvejamento) e oferece excelente estabilidade.
- *Sintonização da cor:* disponível em emissões múltiplas de 490 nm até 700 nm.
- *Fonte de excitação única:* fonte de baixo custo e banda larga produzindo cores múltiplas e simultâneas por meio de fontes de excitação no azul e no UV (por exemplo, luz negra UV, LEDs azuis, *lasers*).
- *Menor superposição entre cores adjacentes:* a cor emitida é um pico de fluorescência estreito e simétrico. O pico do comprimento de onda da excitação não tem superposição com o comprimento de emissão.

Os nanocristais EviDots têm um revestimento único que estabiliza o material, melhora o rendimento quântico e reduz a degradação. Suas propriedades são:

- *Estabilidade:* os materiais do nanocristal são muito estáveis e formados por compostos inorgânicos inertes; são ainda estabilizados com um revestimento que resiste a dano fotoquímico.
- *Espectro de emissão:* o espectro de emissão dos nanocristais é muito estreito quando comparado a tinturas orgânicas devido a uma distribuição monodispersa de tamanho, com menos de 5% de variação em diâmetro. Isso resulta em uma largura espectral abaixo de 30 nm (FWHM), o que torna esses materiais ideais para aplicações de multiplexação de cores.
- *Excitação:* os nanocristais possuem um extenso espectro de excitação. Daí poderem ser excitados por uma única fonte a qualquer comprimento de onda menor que o comprimento de emissão, o que facilita a detecção simultânea, o mapeamento e a quantificação.
- *Intensidade:* os nanocristais têm uma fluorescência intensa e exibem alto ganho quântico, acima de 50%. O brilho é comparável ou maior que o de corantes fluorescentes orgânicos.

nanotecnologia em **embalagens**

▸ *Tempo de vida da fluorescência:* os nanocristais têm 15-20 ns de tempo de vida da fluorescência, uma ordem de magnitude maior que a verificada em corantes orgânicos e ainda mais elevada que a autofluorescência de moléculas biológicas. Isso permite que os nanocristais sejam distinguidos mais facilmente das outras fontes intrínsecas de fluorescência quando usados em instrumentos que têm capacidade de medir tempo de vida de fluorescência. Tal fato aumenta a razão sinal-ruído por ordens de magnitude.

▸ *Química de superfície:* os nanocristais têm uma superfície muito flexível e que pode ser alterada por várias aplicações para permitir solubilidade em soluções orgânicas e aquosas.

▸ *Engenharia de nanomateriais:* única aos pontos quânticos é a habilidade de modificar as propriedades optoeletrônicas por meio da mudança de tamanho e composição dos nanomateriais.

Os produtos de pontos quânticos são feitos para atingir padrões de qualidade, largura de linha estreita de fotoluminescência, alto ganho quântico e emissão precisa no comprimento de onda de pico.

Fonte: http://www.evidenttech.com

Uma pesquisa feita nos EUA resultou no desenvolvimento de um ponto quântico duplo de nanotubo. Tal descoberta permitirá a criação de dispositivos eletrônicos coerentes mais complexos para aplicações como computação quântica.

Estudo de caso: o ponto quântico de nanotubo – Pesquisadores da Universidade de Harvard, nos EUA, conseguiram fazer um ponto quântico duplo de nanotubo colocando portas em vários pontos de um nanotubo. A força do acoplamento entre os pontos era ajustável e esse padrão significa que o dispositivo pode ter aplicações em computação quântica.

O dispositivo foi feito com um nanotubo de 2 nm de diâmetro, aproximadamente 1,5 mícron de comprimento, posicionado entre dois contatos metálicos e três portas superiores, e silício dopado como porta inferior. O dispositivo resultante mostrou dupla periodicidade do fenômeno de bloqueio de Coulomb, que os cientistas dizem ser consistente com um ponto quântico de nanotubo, definido por barreiras de tunelamento para os contatos, as quais foram separadas em dois pontos de tamanho igual por um defeito.

Os pontos quânticos duplos estão baseados em torno de defeitos naturais que ocorrem no nanotubo. Pesquisadores estão tentando induzir defeitos de maneira controlada ao longo do nanotubo, sendo, desse modo, capazes de formar uma rede de pontos quânticos, cada qual com tamanho bem definido e controle independente sobre a barreira de tunelamento, bem como sobre os níveis de energia de cada ponto quântico. A meta é criar e fazer computações quânticas simples em um computador com base em pontos quânticos de nanotubo.

Fonte: http://nanotechweb.org/articles/news/3/2/2/1

O potencial dos pontos quânticos para codificar informação por meio do comprimento de onda e intensidade da radiação gerada por substâncias fluorescentes múltiplas foi demonstrado em pesquisa recente realizada no Canadá. Nesse momento, o código de barras e seus leitores são a tecnologia mais usada para identificação de objetos. Como o código de barras necessita de espaço para se colocar os dados ordenadamente, ou de uma barra 1D ou de uma imagem 2D, que o leitor associado deve escanear ou registrar, os sistemas para obter a informação são volumosos e complicados. Outro problema é que os padrões impressos no código de barras são vulneráveis à falsificação. O uso de pontos quânticos que poderiam carregar a informação codificada foi mostrado como alternativa satisfatória. Essa tecnologia aumenta a segurança, uma vez que é invisível ao olho humano.

Eletrônica e tecnologia da informação

A nanotecnologia tem potencial para prover novos métodos de manufatura e, assim, permitir a miniaturização de componentes para a próxima geração de computadores. Técnicas como a litografia suave e processos *bottom-up* para formar componentes em nanoescala por automontagem poderiam produzir circuitos em microescala mais efetivos e baratos.

Nanotubos de carbono provavelmente serão usados em tecnologia de informação. Esses tubos podem ser condutores ou semicondutores e possuem potencial de aplicação em dispositivos de memória e armazenamento de dados.

A nanotecnologia tem aplicações possíveis em telas e monitores, como a substituição da tecnologia de tubo de raios catódicos por nanotubos de carbono produtores de elétrons.

Estudo de caso: Nanomix e DuPont Electronic Technologies – Nanomix Inc. e DuPont Electronic Technologies, um fornecedor de materiais para televisores com telas de painel de plasma (PDP), anunciaram que a DuPont recebeu licença exclusiva da Nanomix para produzir filmes espessos autoemissores contendo nanotubos de carbono para uso em telas planas.

Materiais emissores em filmes de nanotubos de carbono serão usados para fazer monitores de emissão de campo (FEDs). A combinação da tecnologia da Nanomix com a tecnologia de filmes espessos da DuPont vai melhorar a eficiência da emissão do material emissor. Essa tecnologia deve competir com as PDPs e LCDs para o mercado de grandes telas e painéis planos.

Fonte: www.nano.com e www.dupont.com/et

Estudo de caso: Ilford – A Ilford Imaging desenvolveu revestimentos eletricamente ativos usando óxidos de metais mesoporosos (20 bilionésimos de metro em diâmetro). Os revestimentos transparentes são feitos em uma base de filme flexível e não requerem sinterização, ou seja, um pós-tratamento de alta temperatura que pode danificar a matéria-prima usada. Esses dados estão dispostos em duas patentes recentemente publicadas: EP 1244114A1 e WC 02/07/4039 A2.

A Ilford considera essa descoberta uma plataforma de tecnologia que permite a produção de dispositivos de baixo custo, como células solares avançadas, baterias de lítio e telas planas. Os desenvolvimentos foram feitos com o auxílio do Instituto Federal de Tecnologia da Suíça, em Lausanne (EPFL). A Ilford já é uma produtora em larga escala de revestimentos de óxidos metálicos nancporosos usados em mídias de jato de tinta superabsorventes.

A empresa está interessada em licenciar e contratar acordos para revestimentos com companhias estabelecidas das indústrias de tecnologia solar, baterias e optoeletrônica. A Ilford tem outros programas ativos de revestimentos de óxidos metálicos nanoporosos com grande variedade de aplicações, e há expectativas de que tais programas se tornem disponíveis para desenvolvimento colaborativo e licenciamento.

Fonte: www.ilford.com

Optoeletrônica

São exemplos de nanotecnologia e optoeletrônica *lasers*, pontos de poços quânticos e monitores de cristal líquido, os quais têm precisão nanométrica em 2D – mas, em geral, dispositivos comerciais não necessitam de precisão de 1 nm para funcionar. Tentativas foram feitas para produzir um *laser* baseado em silício, porém com sucesso limitado. No entanto, essa pesquisa está caminhando depois da demonstração de ganho ótico em nanocristais de silício.

Fotônica

Existem dois enfoques para produzir estruturas fotônicas:

- Processo *top-down,* que usa técnicas de litografia para produzir materiais nas escalas de tamanho apropriadas.
- Processo *bottom-up,* que se apoia na automontagem de cristais coloidais ou de estruturas feitas com copolímeros.

Embora se note um certo progresso, ainda existem obstáculos fundamentais a serem vencidos. A solução não deve ocorrer no curto prazo e, nesse caso, a realização da visão de um computador inteiramente baseado em luz é ainda um sonho de médio a longo prazo.

Entretanto, existem pesquisas em desenvolvimento no campo da fotônica e que estão na vanguarda da realização comercial. Os desenvolvimentos com maior progresso são:

- o trabalho da Nanospectra Biosciences Inc. (www.nanospectra.com), de Houston, nos EUA, que desenvolve terapias de câncer não invasivas baseadas em Nanoshells fotônicas;
- o trabalho da California Molecular Electronics Group Corp. (www.calmec.com), de San Jose, nos EUA, que desenvolve Chiropticene, chaveador molecular que, com a aplicação de luz, se move em ida e volta entre estados estáveis. Roteadores óticos, mostradores grandes e memórias moleculares ultradensas são algumas das aplicações futuras para esse material.

Plásticos condutores

Monitores e telas flexíveis – Uma nova geração de tecnologias para telas promete revolucionar a eletrônica convencional de monitores e telas, assim como a mídia de informação baseada em papel. Existe motivação para desenvolver monitores com qualidade de papel, ou seja, monitores com qualidade ótica e que sejam de tão fácil leitura como as de tinta em papel, e que vão atingir grandes necessidades de mercado em áreas diversas, como sistemas de pontos de venda, propaganda, comunicações móveis e leitores eletrônicos.

capítulo 2 - aplicações comerciais

41

A tecnologia que, em princípio, pode apresentar qualidade ótica é a eletrocrômica. No entanto, tentativas de usá-la em tecnologia com qualidade de papel não tiveram sucesso. A chave para integrar essas duas tecnologias é a utilização de materiais eletrodos nanoestruturados e quimicamente modificados. A Ntera, de Dublin, na Irlanda, desenvolveu monitores eletrocrômicos com base em filmes nanoestruturados, os quais apresentaram a capacidade de se tornarem monitores de alta qualidade, similares a um papel impresso, com tempos de resposta rápidos e baixo consumo de energia. Os filmes nanoestruturados são compostos de nanopartículas de um semicondutor, ou seja, dióxido de titânio, e outros óxidos metálicos dopados. As altas eficiências de coloração desses dispositivos ocorrem em razão do uso de cromóforos orgânicos, e a ampliação da mudança de cores se deve à elevada alta área superficial de filme nanoestruturado a que eles estão ligados.

Uma gama de aplicações é desenvolvida pela Ntera Ltd em colaboração com parceiros industriais. Por exemplo, em conjunto com a Tew Engineering, no Reino Unido, a Ntera lançou um sistema de monitor eletrônico de nanomaterial para produzir mostradores de informações em estações ferroviárias. Nesse sistema, o monitor é formado por óxidos metálicos de aproximadamente 20 nm que são eletrocromicamente revestidos por corantes. As partículas são semicondutores que mudam de cor quando carregados eletricamente, e são feitas por um sistema de síntese química que controla suas formas e tamanhos. Elas são, então, misturadas em uma pasta antes de serem aplicadas por impressão a substrato de vidro.

Estudo de caso: Merck KGaA e Ntera Ltd. – A Merck KGaA, a Ntera Ltd. e um desenvolvedor de nanomateriais irlandês assinaram dois contratos para comercialização de tecnologia de nanomateriais. Essa cooperação cobre o desenvolvimento, a produção e o marketing de nanomateriais usados na manufatura de monitores com qualidade de papel, baseados na tecnologia proprietária NanoChromics da Ntera. A Merck é a maior produtora mundial de cristais líquidos usados em monitores para telefones celulares, computadores portáteis (*laptops*), telas planas e monitores, e provou ter vasta experiência em pesquisa e produção em larga escala, bem como em comercialização de nanomateriais, principalmente para a indústria de cosméticos.

Os monitores baseados em nanotecnologia, além da alta qualidade de definição, apresentam elevado brilho e contraste em um grande intervalo de ângulos e profundidade. Aplicações potenciais dessa tecnologia incluem sistemas de monitores a custos acessíveis, sinais públicos e de propaganda, comunicações móveis, além de papéis e livros eletrônicos. Estimativas do mercado potencial para tais produtos na próxima década estão em valores aproximados de US$ 18 bilhões.

A Merck trabalhará com a Ntera, estabelecendo parcerias para desenvolver e comercializar materiais nanoestruturados para a produção de telas de alta qualidade. Nesses termos de contrato, as empresas trabalharão juntas para comercializar outros nanomateriais visando ampliar a gama de aplicações que inclui telas, sensores, baterias e células solares.

Monitores NanoChromics são caracterizados, em relação a monitores de tecnologias estabelecidas, por sua superior qualidade ótica, curtos tempos de ligação e pelo baixo consumo de energia, uma vez que não necessita de luz de fundo. Ao mesmo tempo, o processo de manufatura foi desenvolvido de tal maneira que é similar aos processos de produção tradicionais de telas planas. Por essa razão, os produtores já estabelecidos deveriam ser capazes de produzir industrialmente as telas NanoChromics sem grandes ajustes. Em razão de economias de escala, o custo por unidade reduzirá os atuais níveis das telas de cristal líquido.

Fonte: http://me.merck.de

A aplicação para tal tecnologia pode ser imaginada em uma ampla variedade de áreas que incluem: janelas inteligentes, filtros de densidade variável, monitores transparentes com qualidade de impressão em papel. Monitores e telas com qualidade de papel são áreas particularmente atraentes, uma vez que a tecnologia é escalável, de dispositivos pequenos a grandes áreas.

Tais tecnologias ilustram de que maneira os nanomateriais em monitores e em impressão vão se desenvolver. Em vez de confiar em métodos mecânicos para reduzir os materiais em pequenas partículas, muitas empresas envolvidas na produção de nanomateriais usarão síntese química, automontagem e sistemas relacionados.

A nanotecnologia está contribuindo também para o desenvolvimento de um outro tipo de monitor flexível, em várias abordagens voltadas para fazer papel eletrônico. Empresas como a E Ink Corp. e a Gyricon, nos EUA, destacam-se pela intensa atividade nesse campo. A Figura 2-11 mostra o princípio do papel eletrônico E Ink.

Figura **2-11**
Princípio do papel eletrônico E Ink

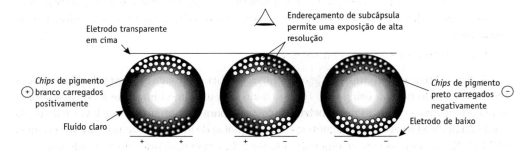

Fonte: E Ink

Recentemente, a Philips, na Holanda, anunciou o desenvolvimento de um monitor de papel eletrônico fino usando um processo chamado eletromolhagem. Esse processo é uma tecnologia usada no laboratório-no-*chip*, porém comumente é rápida o suficiente para tornar possível o papel de vídeo eletrônico.

Pesquisas e tecnologias são desenvolvidas continuamente na tentativa de fazer monitores eletrônicos cada vez mais parecidos com papel. A motivação para esse esforço de pesquisa é que expoentes da tecnologia acreditam que existe um mercado potencial para monitores de papel eletrônico que mantêm as propriedades óticas e físicas do papel enquanto as combinam com a alta densidade de armazenamento da mídia eletrônica.

Circuitos lógicos impressos de baixo custo – A habilidade para produzir circuitos eletrônicos usando técnicas de impressão, como jato de tinta, é uma grande descoberta. Pesquisas realizadas em muitas empresas e por vários cientistas estão em andamento para desenvolver e aprimorar tais técnicas. Uma vez que a tecnologia seja refinada e as aplicações aumentem, existe um enorme potencial nos mercados, como códigos de barras (etiquetas RFID) e embalagens inteligentes.

capítulo **2** – aplicações comerciais

43

Estudo de caso: circuitos impressos plásticos – A Xerox desenvolveu vários materiais orgânicos semicondutores que representam um avanço importante no estado-da-arte em eletrônica de semicondutores orgânicos, além de serem tema de patentes pendentes em todo o mundo.

Em um projeto subvencionado pelo National Institute of Standards and Technology, cientistas do Centro de Pesquisas da Xerox no Canadá e da Palo Alto Research, uma subsidiária da Xerox, colaboram com equipes da Motorola Labs e da Dow Chemicals. Eles investigam novos materiais e tecnologias que permitem a impressão de circuitos plásticos em plásticos.

A Xerox desenvolve materiais para criar uma "tinta" especial capaz de ser usada com cabeças de impressão Xerox para imprimir padrões eletrônicos em substrato plástico (seria o equivalente plástico dos circuitos gravados em pastilhas de silício). Capitalizando sua vasta experiência em materiais eletrônicos, a Xerox desenvolveu materiais poliméricos experimentais com propriedades especiais, significativamente melhores que polímeros padrões de referência.

Os materiais semicondutores orgânicos experimentais da Xerox são a segunda geração de cristais líquidos esméticos que podem ser feitos em pó ou na forma de dispersões. Uma característica especialmente atraente é a habilidade de fazer e avaliar dispositivos em condições atmosféricas, em vez dos ambientes livres de oxigênio exigidos pelas alternativas existentes.

Fonte: http://www.xeroxtechnology.com

A Plastic Logic é uma empresa de eletrônicos plásticos que saiu do Cavendish Laboratory da Universidade de Cambridge, no Reino Unido. Ela imprime filmes finos de transistores semicondutores e circuitos em substratos plásticos para uso em monitores leves e flexíveis para embalagens e cartões inteligentes, como etiquetas de identificação por radiofrequência (RFID). Essa empresa está se empenhando em achar oportunidades de mercado em:

▸ mostradores;

▸ etiquetas eletrônicas e embalagens inteligentes.

A Plastic Logic acredita que plásticos condutores é uma tecnologia emergente que escapa à rota tradicional e restritiva da litografia de semicondutores, da pressão a vácuo e das altas temperaturas.

Células fotovoltaicas – São outro foco do desenvolvimento de nanotecnologia com o intuito de criar células solares feitas de plástico, altamente eficientes, baratas e leves. Hoje em dia, tais dispositivos têm desempenho pouco expressivo se comparados aos materiais convencionais com base em semicondutores inorgânicos. Contudo, se as tecnologias de processamento puderem ser melhoradas, esses dispositivos poderão transformar a economia da geração de energia por células solares, por exemplo (ver Figura 2-12).

Meio ambiente e energia

A nanotecnologia poderia ser usada para desenvolver filtros de água mais efetivos e eficientes, com a hipótese de que as substâncias coloidais dissolvidas pudessem ser fixadas e floculadas com

Figura 2-12
Estrutura típica de célula solar usando semicondutores orgânicos

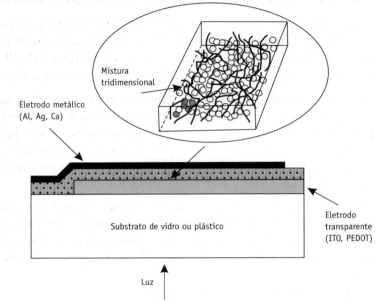

Fonte: IMEC

sílica e, então, retiradas da água processada. Uma membrana que possa purificar a água e que seja também autolimpante para evitar contaminação será possível no curto ou médio prazo.

Tais aplicações, particularmente para a água, têm potencial nas indústrias de celulose e papel, nas quais a recirculação do processo da água e a minimização do seu uso são considerações importantes.

Estudo de caso: H_2O Innovation – A H_2O Innovation Inc. assinou um contrato de US$ 360.000 com a Manitoba Department of Aboriginal e Northern Affairs para instalar e comissionar um sistema de filtragem de membrana de nanofiltragem para tratar a água de lençóis a fim de prover a comunidade com água potável.

O sistema de filtragem idealizado pela H_2O Innovation vai proporcionar uma qualidade de água potável que excede os padrões estabelecidos pela Health Canada em suas Guidelines of Canadian Drinking Water Quality e será capaz de satisfazer a demanda projetada da comunidade para os próximos 20 anos.

O sistema de nanofiltragem reduzirá os altos níveis de dureza, o total de sólidos dissolvidos e os precursores de tri-halometano, além de eliminar elementos como ferro, bactérias e vírus da água.

Fonte: www.nanoforum.org

Uma empresa nos EUA está fazendo filtros que usam nanotecnologia para combater os atuais riscos à saúde. A US Global Nanospace está manufaturando o nanofiltro patógeno, que pode capturar o vírus da SARS, considerado um vírus da família do Coronavírus (com

capítulo **2** – aplicações comerciais

45

tamanhos no intervalo de 0,06 a 0,22 mícron). Esses filtros são usados em sistemas de controle do ambiente em aeronaves, sistemas de aquecimento, ventilação e ar condicionado em hospitais e outros prédios. O equipamento da Nanofilter foi manufaturado inicialmente como o Y2 Ultra-Filter para aplicações em voos espaciais de longa duração, a fim de proporcionar a purificação do ar em razão da presença de partículas ultrafinas. Ele agora integrou a mídia porosa do Nanofilter em seu projeto, que é envelopado com um campo eletrônico. Esse campo, por sua vez, leva a matéria aérea a se mover na direção perpendicular ao fluxo de ar sem ionização, resultando em um sistema de filtragem supereficiente, projetado para capturar bactérias, vírus, poeira, odores e outras matérias particuladas em escala submicrométrica.

A empresa também fabrica o NanoFilter CX, que pode absorver a maioria dos produtos cancerígenos encontrados na fumaça dos cigarros. Esse filtro usa uma tecnologia diferente para reduzir os níveis de toxinas danosas inaladas com a fumaça do cigarro, o que é conseguido pela maximização do efeito *slip-flow* em filtros baseados em nanofibras. O efeito aumenta o fluxo por meio da superfície fibrosa do filtro para produzir alta difusão, interceptação e retenção das toxinas do cigarro e matéria particulada perigosa. O filtro é produzido a partir de nanofibras orgânicas biodegradáveis eletrofiadas em diâmetro nominal de 150 nm e, depois, fabricadas em uma configuração de teia para maximizar a densidade areal do filtro.

Pesquisadores no Pacific Northwest National Laboratory desenvolveram um processo de revestimento para fazer uma ligação de sílica "tipo esponja" com metais tóxicos em água. Esse nanocompósito, conhecido como SAMMS (monocamadas auto-organizadas em suportes mesoporosos), mostrou-se capaz de capturar metais como chumbo e mercúrio, que são recuperados para reutilização ou deixados ali.

Catalisadores aperfeiçoados, compostos de nanopartículas, já estão em uso no processamento químico e de petróleo, o que ocasionou significativa redução das perdas nessa fase. Um exemplo é o trabalho da NanoScape, uma pequena companhia que se separou da Ludwig-Maximilians University, de Munique, e que explora o campo de materiais avançados. A NanoScape desenvolveu catalisadores que reduzem à metade o custo de manufatura de estireno. Esses novos catalisadores contêm nanotubos de carbono, que requerem temperaturas 150 °C mais baixas que outros sistemas e usam catalisadores à base de ferro para a produção de estireno. Tais desenvolvimentos poderiam ter grande benefício em custos de matéria-prima para a indústria de embalagens, que é a maior usuária do poliestireno formado a partir do monômero estireno.

O desenvolvimento de células combustíveis tem grande potencial. Já existe pesquisa voltada para essa área e que estuda a efetividade de nanotubos de carbono no armazenamento de hidrogênio.

A nanotecnologia também tem sido proposta como a melhor alternativa para um futuro sustentável. Argumenta-se que a nanotecnologia pode beneficiar o meio ambiente com:

▶ melhorias na eficiência da energia por meio de energia química sem aquecimento, como no caso de organismos. Células combustíveis são um exemplo disso;

▶ catalisadores altamente específicos que geram produtos também específicos sem a produção de outros produtos indesejados;

▶ fabricação em nanoescala de materiais locais economizando em infraestrutura de transporte.

Embalagens

As demandas de embalagens estão continuamente mudando, influenciadas por uma variedade de fatores que vão do aumento de funcionalidade e melhorias econômicas até a satisfação de medidas legislativas sobre o meio ambiente. Tópicos importantes incluem:

- tecnologias de manufatura;
- utilidade para o consumidor;
- matéria-prima, incluindo tintas e materiais químicos;
- inclusão de alta tecnologia em embalagens, ou seja, RFID, etiquetas inteligentes, sensores etc.;
- marca registrada;
- tecnologias logísticas;
- reciclabilidade;
- questões legislativas.

A aplicação da nanociência e da nanotecnologia está ajudando no desenvolvimento de matéria-prima e em aplicações de alta tecnologia para embalagens. Melhorias que podem ser agregadas à matéria-prima pela nanotecnologia são:

- *Utilidade:* aumento nas aplicações de embalagens em novas áreas devido a características/tecnologias melhoradas para embalagens.
- *Durabilidade:* aumento da durabilidade de materiais e da vida dos produtos.
- *Marca registrada:* incorporação de características especiais à embalagem para promover a marca.
- *Valor agregado:* desenvolvimento de materiais melhores com novas características, produzindo embalagens de melhor valor.

Além dessas, outras melhorias serão trazidas pelo desenvolvimento e pelas aplicações de materiais como:

- nanopartículas de silicato;
- nanopartículas metálicas/cerâmicas;
- nanotubos de carbono;
- nanofibras de eletrofiadas;
- nanocápsulas;
- monocamadas automontadas.

Exemplos de aplicações incluem:

- melhoria em dureza para fraturas em compósitos de alumina;
- boa resistência à tensão proporcionada por nanofibras de carbono e compósitos de nanotubos de carbono;

capítulo **2** – aplicações comerciais

47

- melhoria nas propriedades estruturais e térmicas, barreira e resistência a fogo de muitos plásticos, devido a compósitos de nanoargila;
- melhoria nas propriedades de barreira a oxigênio pelo uso de nanopartículas em polipropileno.

Além disso, a aplicação de nanotecnologia vai adicionar valor por conta da redução nos custos de manufatura. Por exemplo, nanopartículas de cerâmica, assim como nanopartículas metálicas, podem ser formadas em superfícies de materiais volumétricos em mais baixas temperaturas que outros materiais, reduzindo os custos de manufatura. Da mesma forma, citem-se as nanofibras de carbono, que necessitam somente de 25% de preenchimento das fibras de carbono para a obtenção da mesma resistência e de 10% para a obtenção das mesmas propriedades eletrostáticas.

Aplicações de nanocompósitos

O desenvolvimento de nanocompósitos está ganhando campo à medida que as oportunidades oferecidas por essa tecnologia são identificadas e se realizam. A geração atual de materiais nanocompósitos demonstra o aumento das características de desempenho de produto, como estabilidade térmica, resistência mecânica, propriedades de barreira ou impermeabilidade. As aplicações de barreira já foram identificadas como área que pode ser desenvolvida. A incorporação de partículas minerais de nanotamanho permite a criação de um labirinto na estrutura do filme que fisicamente retarda a passagem de moléculas de, por exemplo, gás. Filmes de poliamida já foram comercializados com propriedades de barreira a gás devido a aditivos em nanoescala. Além disso, uma nova classe de materiais surgiu e usa uma argila muito fina e bem dispersada, do tipo bentonita. A argila é o ponto de ancoragem para polímeros elásticos de cadeia longa e, portanto, aumenta o desempenho e a estabilidade do produto final.

Historicamente, materiais poliméricos eram caracterizados somente por suas propriedades macroscópicas, incluindo módulo de elasticidade, elongação, permeabilidade a gás. Tais polímeros eram homogêneos e não requeriam caracterização de subestrutura. Avanços em métodos de caracterização de polímeros em nano e microestrutura significaram um avanço na ciência de polímeros.

Materiais nanocompósitos poliméricos são criados por agregados, lamelas e redes de materiais em nanoescala combinados com um polímero. Esses materiais, como nanocompósitos de poliamida-6/argilas, podem ter propriedades como alto módulo e baixa permeabilidade. Idealmente, materiais nanocompósitos poliméricos apresentam acentuado aumento em propriedades físicas, com pequenas quantidades do aditivo nanoparticulado.

Um aspecto único da nova classe de materiais nanocompósitos poliméricos é a elevada área de contato que ocorre na interface polímero/nanopartículas, que é o oposto dos tradicionais compósitos poliméricos. As propriedades físicas e químicas dessas interfaces produzem propriedades únicas, muitas vezes desejáveis, dos materiais nanocompósitos poliméricos.

Levados pela necessidade de substituir materiais plásticos por alumínio em aplicações como embalagens, nanocompósitos novos com barreiras ultra-altas estão sendo desenvolvidos.

nanotecnologia em **embalagens**

Um desses materiais é a poliamida MXD6, produzida pela Mitsubishi Gas & Chemical Co Inc. Essa resina semicristalina exibe boas propriedades de barreira e estas têm se mostrado úteis, funcionando mesmo em situações de umidade. A conversão do MXD6 a um nanocompósito melhora as características de barreira e torna esse material melhor que o EVOH, a resina comumente usada.

A tecnologia de nanocompósitos melhora as propriedades de barreira do MXD6, enquanto preserva características de processamento e transparência. Ela consiste em dispersar partículas de argila de tamanho nanométrico na poliamida, criando caminhos tortuosos para a passagem de gás e, consequentemente, melhorando a vida do produto.

As vantagens nas propriedades que nanomateriais aditivos proporcionam em comparação aos filtros convencionais à base de polímeros incluem:

- propriedades mecânicas, isto é, módulo de elasticidade e estabilidade dimensional;
- permeabilidade reduzida para gases, água e hidrocarbonetos;
- estabilidade térmica e temperatura de distorção térmica;
- retardante de chamas;
- resistência química;
- aparência superficial;
- condutividade elétrica;
- claridade ótica em comparação aos polímeros convencionais.

As poucas desvantagens associadas à incorporação de nanopartículas são rigidez e desempenho de resistência sob impacto. Alguns dados sugerem que polímeros modificados por nanoargilas, como as poliamidas, poderiam reduzir o desempenho de impacto.

Estudo de caso: Bayer – O propósito primeiro de filmes para embalagem de alimentos é proteger seu conteúdo de umidade, ressecamento e oxigênio. Pesquisadores da Bayer Polimers estão produzindo embalagens plásticas muito mais resistentes ao ar por meio de tecnologia de nanopartículas.

Eles desenvolveram um plástico chamado de "sistema híbrido", que é enriquecido com um número enorme de nanopartículas de silicato. Quando processados em filmes, os plásticos têm uma melhor atuação na prevenção da deterioração dos alimentos disponíveis na prateleira.

A substância causadora de maior preocupação na engenharia de embalagens de alimentos é o oxigênio, uma vez que ele deteriora a gordura em carnes e queijos e torna esses produtos rançosos. Somente dois plásticos estavam disponíveis no passado e previniam essas reações indesejadas: poliamida-6, mais barata, porém mais permeável, usada para alimentos menos sensíveis; e copolímero de etileno e álcool vinílico (EVOH), mais caro, porém mais impermeável, utilizado em produtos altamente sensíveis.

O novo material de filmes com nanopartículas une as vantagens desses dois plásticos mais comuns; é barato e bastante impermeável ao ar; não tanto quanto o EVOH, porém muito melhor que a poliamida-6 simples. As partículas dispersas – que têm espessura de poucos

capítulo 2 – aplicações comerciais

49

nanômetros – impedem a penetração de gases no filme e bloqueiam a perda de umidade do produto. Com arranjo tipo labirinto no plástico, atuam como barreiras, tornando difícil a passagem pela embalagem de substâncias indesejadas, como o oxigênio. Elas aumentam a distância que as moléculas normalmente percorrem em seu caminho no filme – as moléculas de oxigênio fazem um percurso em ziguezague pelas lamelas de silicato.

Fonte: http://www.research.bayer.com/edition/polyamides.php

Fornecedores de nanocompósitos focados em aplicações para embalagens são mostrados na Tabela 2-4.

Tabela **2-4**

Aplicações de nanocompósitos para embalagens

Fornecedor	Matriz de resina	Nanopartícula	Uso
Bayer AG	Poliamida-6	Organoargila	Filme impermeável
(Durenthan LPDU)			
Clariant	PP	Organoargila	Embalagem
Nanocor	Poliamida-MDX6	Organoargila	Garrafas PET de cerveja
(Imperm)			

Fonte: Pira International Ltd

O analista americano BRG Towsend and Packing Strategies reportou que, nos próximos cinco anos, 5 milhões de libras de materiais nanocompósitos serão usados em embalagens rígidas e flexíveis. Ele também previu que embalagens para cerveja serão responsáveis pelo maior consumo em peso dos nanocompósitos, com 3 milhões de libras, seguidas pelas carnes e refrigerantes carbonados. Em 2011, o valor total atingirá o patamar de 100 milhões de libras. O consumidor número um de embalagens de nanocompósito em 2011 serão os refrigerantes, com 50 milhões de libras, seguidos pela cerveja e, juntos em terceiro lugar, carnes e alimentos embalados.

Outras aplicações de embalagens usando nanocompósitos incluem queijo, suco, alimentos para animais, produtos farmacêuticos, artigos para casa e indústria automobilística.

Barreiras para gases – A melhoria em propriedades de barreira a gases que pode resultar da incorporação de pequenas quantidades de nanoargilas mostrou-se substancial. Dados fornecidos por diferentes fontes indicam que taxas de transmissão de oxigênio para compósitos poliamidas--argilas organofílicas são, usualmente, inferiores à metade das apresentadas por polímeros não modificados. Outros dados revelam a extensão na qual tanto a quantidade de argila incorporada quanto a razão de aspecto do filtro contribuem para o desempenho geral de barreira. Em particular, a razão de aspecto foi considerada um efeito importante, com altas razões (e, portanto, tendências de incorporação do material de preenchimento em nível nanométrico) que aumentam acentuadamente as propriedades de barreira. Essas características de barreira resultaram em interesse considerável em compósitos de nanoargilas e suas aplicações em embalagens para

nanotecnologia em **embalagens**

carnes processadas, queijos, doces, cereais, para comidas em embalagens para cozimento, bem como em aplicações de extrusão/revestimento para sucos de frutas e laticínios, e processos de coextrusão para manufatura de garrafas de cerveja e refrigerantes. O uso dessas formulações de nanocompósitos visa aumentar a vida dos alimentos nas prateleiras.

A Avery Dennison desenvolveu uma patente (em processo de depósito) sobre revestimento com altíssima propriedade de barreira a gás para filmes usando nanopartículas. Diferentemente de outras técnicas que dispersam nanopartículas na resina do filme, esse processo proprietário reveste o substrato do filme com nanopartículas, o que fornece revestimentos altamente controlados e consistentes, que proporcionam altas barreiras a gás, resistência de flexibilidade e quebra, claridade e um revestimento muito fino, com menos de 1 mícron de espessura. Existem, no entanto, limitações a esse revestimento. Ele não é tão efetivo como barreira à umidade e suas propriedades de barreira a gás decrescem com a umidade relativa. Tal sensibilidade à umidade é reversível e suas propriedades de barreira melhoram quando a umidade é reduzida. O produto é considerado ideal para embalagens flexíveis que requerem barreira a gás, resistência com flexibilidade e claridade.

Barreiras para oxigênio – Surgiram desenvolvimentos em um sistema de barreira ativa/passiva para materiais de poliamida-6. Características de barreira passiva são proporcionadas pelas partículas de nanoargila incorporadas via técnicas de processamento de fundição, enquanto a contribuição ativa vem de um composto que age como sequestrante de oxigênio. Resultados de transmissão de oxigênio revelam benefícios substanciais pela incorporação da nanoargila em comparação ao polímero-base.

Estudo de caso: Honeywell Engineering – A capacidade das lamelas de argila como barreira nanométrica a oxigênio com um componente reativo a oxigênio foi combinada por pesquisadores da Honeywell Engineering Applications and Solutions em Morristown, New Jersey, nos EUA, para produzir embalagens altamente impermeáveis. As lamelas de argila sintética Nanomero (fornecidas pela Nanocor, Arlington Hts, IL) são incorporadas em caprolactama, um monômero da poliamida-6, por meio de polimerização *in situ*. As lamelas são esfoliadas e dispersas como as intumescidas com monômero fundido. Um agente sequestrante de oxigênio é então adicionado.

As nanoargilas aumentam a barreira a gás quatro vezes; a adição do sequestrante de oxigênio diminui a permeabilidade por 100-1.000 vezes em relação ao material matriz. A Honeywell usou o compósito Aegis como barreira entre camadas de PET para garrafas de bebidas. O Aegis e os jatos de PET são extrudados separadamente, fluem em uma pré-forma, e então são moldados por estiramento em fluxo de ar até espessuras de 10-12 mm. A camada de barreira corresponde a 5% a 8% em peso da garrafa e limita a permeabilidade ao oxigênio a níveis abaixo de 1 ppm por quatro a seis meses. Isso satisfaz requisitos para recipientes de cervejas e sucos. Como não existe ligação química entre as camadas, os componentes das garrafas podem ser cortados e separados por ar para reciclagem. As garrafas passam atualmente por testes de qualificação.

Fonte: www.cepmagazine.org

Aplicação para alimentos – Uma investigação conjunta da Triton Systems e do US Army (Exército dos EUA) vem sendo desenvolvida sobre o desempenho de barreiras. O requisito fundamental para sistemas de embalagens não refrigeradas é manter os alimentos frescos por três anos. Compósitos de polímeros e nanoargila possuem considerável possibilidade de ser utilizados no futuro para essa aplicação. Provavelmente, as propriedades excelentes de barreira exibidas pelos sistemas nanocompósitos poliméricos resultarão em seu uso substancial como materiais para embalagem em anos futuros.

Estudo de caso: Triton – Os polímeros de barreira ORMLAS se baseiam em materiais dispersíveis "nanofiller", na forma de lamelas, cada um com 1 nm de espessura, em plásticos comuns. Esses preenchedores se orientam em camadas no plástico. Pelo controle do espaço entre as camadas, um caminho tortuoso é criado para reduzir a transmissão de gases pelo polímero. Componentes protótipos de uso potencial para embalagens farmacêuticas, biomédicas e para alimentos líquidos e sólidos estão em vários estágios de desenvolvimento.

Fonte: www.tritonsys.com

Outra oportunidade viável para nanopartículas é representada por aplicações em segurança de alimentos. Pesquisadores investigam a habilidade de aplicações de nanopartículas de adesão – específica para ligar-se irreversivelmente a certos tipos de bactérias-alvo, inibindo-as de se ligar e infectar o hospedeiro. A pesquisa tem o objetivo de reduzir a capacidade de infecção humana por alimentos com esteropatógenos em produtos de aves, usando dois tipos de nanopartículas. Um tipo se baseia em automontagem de polímeros orgânicos (isto é, poliestireno), e o outro, em nanopartículas inorgânicas funcionalizadas com polissacarídeos e polipeptídeos, que promovem a adesão das células bacterianas-alvo.

Uma outra área estudada na Holanda é o desenvolvimento de embalagem em que o conservante somente é liberado quando a presença de micro-organismo é detectada. Essa liberação é induzida por um chaveamento biológico desenvolvido por meio da nanotecnologia (ver Figura 2-13).

Figura **2-13**
Liberação de conservantes controlados por chave biológica nanoestruturada

Fonte: TNO

As vantagens da embalagem com conservante "liberado por comando" são:
▸ O conservante só é liberado quando a deterioração ocorre.
▸ O conservante é confinado somente a áreas locais e, portanto, fica contido em menor quantidade no alimento.

52

nanotecnologia em **embalagens**

▸ O conservante inicia sua atividade quando necessário, proporcionando um maior tempo de vida.

▸ Torna-se possível estabelecer uma matriz seletiva de certos produtos, isto é, aplicações farmacêuticas/produtos fermentados.

A pesquisa ainda está em fase de desenvolvimento e a patente está em processo de depósito. O trabalho visa o desenvolvimento de método de aplicação a superfícies de embalagens, e a técnica precisará de aprovação para a comercialização do material de embalagens para alimentos. No entanto, ela oferece muitas oportunidades. Suas aplicações potenciais incluem:

▸ revestimento de cobertura para inibir crescimento de fungos/bactérias;

▸ folha metálica para produtos embalados a vácuo;

▸ cobertura para garrafas/invólucro multicamada;

▸ material de empacotamento/revestimento para produtos fermentados;

▸ aplicações em produtos cosméticos/farmacêuticos.

Filmes – Em comparação aos filmes convencionais de polímeros, a incorporação de nanoargila mostrou aumento significativo na transparência e redução da opacidade. Com compósitos baseados em poliamida, esse efeito foi associado a modificações no comportamento da cristalização causada pelas partículas de nanoargila.

Estudo de caso: Nanocor – A Nanocor, desenvolvedora de tecnologias de nanoargilas para plásticos, desenvolveu um nanocompósito que permitiu a um cliente melhorar o nível de barreira do filme de revestimento para caixas de papelão de sucos. Esse cliente queria uma barreira similar à proporcionada pelo EVOH, porém com menor custo. Um aumento na rigidez geral do filme era também requerido para reduzir deformações.

O uso de nanocompósito de poliamida Durethan da Bayer foi escolhido. Tal fato proporcionou a barreira desejada e um aumento da rigidez do filme em 30%. A utilização de um produto à base de poliamida melhorou a adesão ao substrato de papel e ao revestimento final de polietileno.

Fonte: www.nanocor.com

Estudo de caso: Clemson University – Um projeto iniciado pelo departamento Food Science and Human Nutrition na Clemson University, nos EUA, viabiliza o uso de nanotecnologia para o desenvolvimento de biossensores rápidos e simples para detecção de agentes tóxicos em alimentos e água. Adicionalmente, filmes ativos serão desenvolvidos, usando extrusão térmica contínua para produção em massa, o que vai reduzir o risco de agentes tóxicos em alimentos embalados com tal material.

Fonte: http://www.clemson.edu/scg/food/dawson.htm

Filmes que respondem a solicitações do ambiente, que abrem e fecham válvulas para permitir a saída ou a entrada de gases ou a liberação de agentes maturativos também são desenvolvidos na Universidade de Sheffield, no Reino Unido, por meio da nanotecnologia.

Aplicações em etiqueta e traçadores

Para aplicações de segurança da marca ou rastreamento de suprimento, o desenvolvimento de nanocódigo de barras oferece uma série de vantagens:

- número ilimitado e único de códigos;
- baixo custo de manufatura e manutenção;
- durabilidade;
- dificuldade de ser fraudado.

Partículas para nanocódigo de barras são etiquetas de tamanho submicrométrico que podem ser produzidas em um número infinito de combinações, além de serem codificáveis e passíveis de leitura por máquinas duráveis. A realização de produtos de nanocódigo de barras foi conseguida por vários grupos de pesquisa.

Uma aplicação de nanotecnologia originalmente desenvolvida para testes de níveis de enzimas no sangue está sendo moldada para aplicações a fim de rastrear e seguir bens de valor. Nanocódigos de barras estão sendo desenvolvidos pela Nanoplex, um desmembramento da Surramed, companhia de tecnologia de ciências da vida, localizada na Califórnia.

Os códigos de barras podem ser impressos ou aplicados na embalagem dos produtos, em artigos de alto valor e rastreados. A tecnologia permite que cada código de barras produzido seja único. Os nanocódigos de barras são feitos por chapeamento elétrico de metais inertes, como ouro, prata e platina em moldes que definem um diâmetro particular. As faixas de nanopartículas resultantes são retiradas dos moldes e têm 250-500 nm de largura e 235 mícrons de comprimento. A largura e sequência das faixas podem ser alteradas e variadas para produzir os diferentes códigos de barras desejados.

Quando aplicados a produtos, os códigos de barras atribuem a cada um deles uma identidade única, permitindo, assim, que sejam rastreados. Além disso, esses códigos de barras são mais baratos que a alternativa de etiquetas RFID.

Outro sistema desenvolvido na Universidade de Durham, no Reino Unido, e atualmente colocado no mercado pela Ingenia Technology, imprime códigos de barras contendo partículas magnéticas de nanotamanho de *permalloy* em substratos plásticos de forma similar ao processo de circuitos eletrônicos. Cada impressão resulta em partículas magnéticas colocadas em padrão diferente.

Cada padrão único tem um campo magnético diferente, que pode ser medido, gravado e checado para confirmação da autenticidade do código de barras. Os diferentes campos magnéticos interagem com a luz de forma também diferente, e as reflexões de luz polarizada de um código de barras revelam suas propriedades magnéticas, as quais são guardadas em um banco de dados ligado a cada número estabelecido pelo código de barras.

Outra aplicação de segurança é o uso de nanofósforo. Partículas nanofosforosas parecem brancas à luz do dia, mas fluorescem quando expostas à luz de certo comprimento de onda. Um exemplo é o Nanogreen. Trata-se de um pó que se dissolve em água, assim como em solventes inorgânicos. A solução resultante não tem cor e não espalha luz. No entanto, quando colocado sob luz ultravioleta, o substrato em solução ou em tinta brilha na cor verde. Os objetos marcados com nanofósforo obtêm uma proteção invisível e não removível contra falsificação.

Um exemplo comercial de tais nanopartículas autodispersívieis é a faixa de produtos REN-X (Rare Earth Nano-X), da Nanosolutions GmbH: REN-X vermelho 255-312, que fluoresce em vermelho, e REN-X verde 255, que fluoresce em verde. Essas nanopartículas podem ser dispersadas em tinta, resultando em solução sem cor e transparente. A tinta pode ser aplicada usando-se o método de jato de tinta e não pode ser vista a olho nu quando impressa em papel, hologramas e fotografias, CDs, vidro e outros materiais. O design e a função da superfície marcados com nanopartículas não são afetados pela marcação.

A Nanoventions, da Georgia, nos EUA, desenvolveu uma tecnologia que permite marcar pastilhas, alimentos e outros comestíveis com etiquetas capazes de evitar a falsificação. O produto conhecido como SpyDust é uma substância composta de milhões de microetiquetas que podem ser feitas com polímeros inertes e são aptas a proteger qualquer produto contra falsificadores. As etiquetas podem ser incorporadas em um revestimento para embalagens à base de papel, ou adicionadas ao papel durante a sua confecção, de tal modo que o produto final fica protegido. Elas podem ser produzidas com gelatina, gordura, açúcar e outros biopolímeros, que são usados para o revestimento de pastilhas e outros medicamentos. Nenhum ingrediente adicional é necessário. Tais polímeros com base em biopolímeros podem ser selecionados entre os já aprovados pela Food and Drug Administration (FDA).

A próxima geração de etiquetas pode variar de poucos nanômetros a 200 mícrons, contendo textos, gráficos, códigos de barras ou informação digital capaz de ser utilizada para autenticar produtos, embalagens, documentos e dinheiro, de forma forense ou com *scanners* e equipamentos de campo especiais.

Embalagens com nanossensores

Um dos problemas que a indústria de alimentos e os vendedores encontram é como saber se uma embalagem foi aberta ou adulterada. Uma solução proposta é a aplicação de indicadores nanocristalinos na forma de tinta inteligente de oxigênio, passíveis de serem impressos na maioria das superfícies. Essa tinta detectaria se oxigênio esteve presente na embalagem. Tal solução se baseia no fato de que a maioria dos alimentos é embalada em atmosfera modificada (MAP), que usa nitrogênio e dióxido de carbono para retirar o ar da embalagem (ver Figura 2-14).

Essa tinta poderia ser composta de:

▸ Partículas nanocristalinas de um semicondutor (usualmente dióxido de titânio) ativadas por luz UV.

▸ Corante de coloração "brilhante" e sensível a reações de oxirredução (tal como azul de metileno) que, quando fotorreduzido pelo semicondutor, perde sua cor e se torna sensível ao oxigênio.

capítulo 2 – aplicações comerciais

Figura **2-14**

Um novo indicador nanocristalino

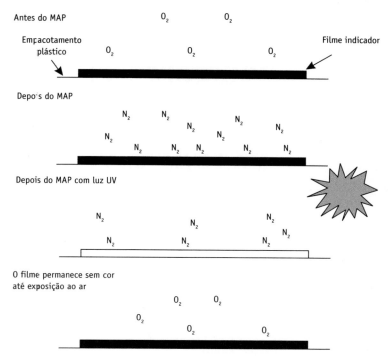

Fonte: Pira International Ltd

- Uma forma reduzida de corante que reage rapidamente com oxigênio para retornar à sua cor original brilhante.
- Um agente redutor suave para retornar o semicondutor à sua forma original.
- Um polímero para ligar esses ingredientes.
- Um solvente para dispersar os vários componentes e formar uma tinta para impressão.

Um sistema desenvolvido em torno de tal tinta poderia ser usado para ressaltar a evidência de adulteração de embalagem de alimento ou falha na vedação, que com o tempo lentamente deixaria o ar/oxigênio entrar. Apesar de essas aplicações serem de alta relevância para a indústria de embalagens de alimentos, existe a possibilidade de aplicações em outras áreas, como embalagens seguras, ou seja, instrumentos médicos e documentos de segurança (bancos).

Eletrônica embutida em substratos laminados ultrafinos, que também poderiam ser usados em aplicações futuras de embalagens sensíveis, é objeto de pesquisa desenvolvida na Bélgica pelo IMEC. Várias companhias internacionais estão em negociação com o IMEC para implantar essa tecnologia no mercado. A pesquisa dessa empresa permite o desenvolvimento de embalagens sensíveis, capazes de monitorar as condições de produtos farmacêuticos e alimentos afetados por mudanças de temperatura, umidade e impacto.

3

caminhos para a
realização

O vasto potencial oferecido pela nanotecnologia tornou-se grande motivação para muitos no cenário científico e técnico. Para outros, criou um ambiente de preocupação e até mesmo de receio. Opiniões sobre o potencial de alcance da tecnologia variam desde os que acreditam na capacidade da nanotecnologia em reconstruir o corpo humano internamente, abolindo, assim, a morte, até outros que acreditam que a nanotecnologia poderia extinguir a vida como a conhecemos, reduzindo a superfície da Terra a uma condição inabitável.

A realidade da situação provavelmente está em algum lugar entre esses dois extremos. Aplicações estão predominantemente limitadas aos avanços em áreas bem estabelecidas de ciência aplicada, como ciência de materiais e tecnologia de coloide. Aplicações de médio prazo provavelmente terão como foco transpor barreiras ao progresso da tecnologia, enquanto as de longo prazo são de mais difícil previsão, pois tendem a provocar concepções errôneas sobre a nanotecnologia.

Embora algumas das versões mais amplas sobre um futuro baseado em nanotecnologia sejam muito especulativas, baseiam-se em ideias da ciência comprovada. A importância em determinar a oportunidade ou a ameaça da nanotecnologia é a distinção entre os termos longo prazo, ideia extrema, e aquela que gradativamente se torna realidade no curto a médio prazo. Por exemplo, há uma grande diferença entre condutores moleculares e o uso de partículas de nanoargila na indústria do plástico. A deficiência para distinguir entre o que é acessível comumente e o que é possível teoricamente no futuro é a causa de muitas das contestações infundadas sobre a nanotecnologia.

O uso de construtores moleculares (máquinas robóticas), caso eles se tornem realidade, seria um desenvolvimento inovador. Se essas máquinas forem capazes de construir materiais átomo por átomo ou molécula por molécula, poder-se-á criar novas substâncias não encontradas na natureza e que não são possíveis de serem sintetizadas pelos métodos existentes, como química de solução.

Se fossem ainda capazes de se autorreplicarem sucessivamente, haveria um crescimento exponencial de pequenas máquinas. Estas, por sua vez, poderiam ser usadas para construir objetos em macroescala a partir de estoques moleculares apropriados e sem perdas. Tais ideias foram postuladas por Drexler e desenvolvidas posteriormente por outros pesquisadores. Na prática, o receio expresso por alguns setores de que tais sistemas autoconstruídos se tornariam uma nova forma de vida e tomariam o controle da Terra parece infundado. Tais sistemas biológicos sintéticos estariam igualmente abertos ao ataque químico ou microbiológico no mundo real. Micro-organismos competiriam com eles por recursos, tendo milhões de anos de vantagem.

Se houver possibilidade de tais construtores existirem, sua escala de tempo deveria ser, no mínimo, de 20 anos. No entanto, a Zyvex, empresa de nanotecnologia molecular, iniciou um programa que trabalha com referências acadêmicas para começar a construção dessas máquinas. Inicialmente, esse projeto será em microescala, porém, com o tempo, se antecipado, ele caminhará para a nanoescala.

As ameaças, percebidas ou não, da nanotecnologia precisam ser efetivamente consideradas. O perigo de que tais preocupações permaneçam não respondidas é o que eleva as inquietações públicas, algumas resultando em demandas de moratória em determinadas pesquisas baseadas em nanotecnologia. Esses movimentos poderiam retardar toda a pesquisa, com perda de tempo e de oportunidades para o desenvolvimento de tecnologias úteis.

Nesse contexto, o governo do Reino Unido encomendou um estudo para investigar as implicações da nanotecnologia. O relatório com o parecer desse estudo foi apresentado em 2004. Seu enfoque foi o estado da ciência e sua regulamentação. Ele também discute as preocupações públicas da nanotecnologia.

Escalas de tempo

Aplicações de nanotecnologia estão em vários estágios de desenvolvimento. Por exemplo, as primeiras fábricas para manufatura de nanotubos de carbono e de fullerenos estão em construção no Japão. Além disso, a NEC Corporation do Japão anunciou o desenvolvimento de uma célula combustível usando nanotubos como eletrodos, e a Samsung da Coreia apresentou o protótipo de uma tela plana que usa nanotubos como dispositivos emissores de campo.

Muitas ferramentas e técnicas novas se tornarão disponíveis, algumas ideias gerais serão melhoradas e processos de autoconstrução, viabilizados.

Produtos usando nanotecnologia que já estão disponíveis incluem:

- discos rígidos – dispositivos baseados em magnetorresistência gigante em compostos em camadas nanoestruturadas dominam o mercado;
- bloqueadores solares baseados em nanopartículas que absorvem luz UV;
- *lasers*, moduladores e amplificadores para telecomunicações;
- periféricos de computadores;
- materiais nanocompósitos usados na indústria automobilística dos EUA e algumas aplicações para embalagens plásticas.

capítulo **3** – caminhos para a realização

Aplicações que estão próximas do mercado incluem:

▶ técnicas fotovoltaicas melhores para fontes renováveis de energia;
▶ tecnologias eletrônicas para telas e monitores;
▶ vidros com revestimento antirrisco;
▶ materiais mais leves, mais rígidos e com maior resistência;
▶ dispositivos de diagnóstico laboratório-no-*chip*;
▶ dispositivos eletrônicos de estrutura quântica;
▶ superfícies autolimpantes;
▶ dispositivos fotônicos avançados para telecomunicações.

Aplicações que devem surgir no mercado durante a próxima década:

▶ liberação controlada de drogas, permitindo dosagens menores e redução de efeitos colaterais;
▶ revestimentos anticorrosão;
▶ polímeros para eletrônica;
▶ telas planas eletrônicas;
▶ implantes médicos de longa duração e órgãos criados artificialmente;
▶ implantes de retina;
▶ sensores médicos para monitoramento de pacientes que poderão ser tratados em casa.

É evidente, por meio desses exemplos, que o potencial oferecido pela nanotecnologia apenas começa a se delinear. A projeção de como e quando a nanotecnologia vai realizar seu potencial necessita de definição cuidadosa. A nanotecnologia pode ser definida como uma disciplina emergente das engenharias que aplica métodos da nanociência para criar produtos. Em termos de previsão, mais um elemento precisa ser adicionado: a dimensão temporal. Para a nanotecnologia, deveria haver uma grande probabilidade de uso prático nos próximos cinco ou oito anos, enquanto projetos e campos de estudo que não se encaixam nesse intervalo de tempo deveriam ser considerados nanociência.

A Technologies Futures Inc. propôs uma previsão sobre o desenvolvimento futuro da nanotecnologia baseada na classificação a seguir.

Instrumentação, ferramentas e simulação por computador – O desenvolvimento da instrumentação e de ferramentas para permitir medição, manipulação e visualização de átomos e moléculas individualmente em nanoescala é um pré-requisito para o desenvolvimento adicional da nanotecnologia. Essas ferramentas incluem os microscópios de força atômica, microscópios de tunelamento, microscópios eletrônicos de transmissão e microscópios eletrônicos de varredura.

Materiais – Os primeiros nanoprodutos a atingirem o mercado estão na categoria de materiais e manufatura. Materiais inorgânicos, como fullerenos, nanotubos de carbono, cerâmicas e nanopós metálicos estão sendo ativamente desenvolvidos. O conceito de criar novos materiais a partir de outros, pela incorporação de materiais de dimensões nano, já foi

nanotecnologia em **embalagens**

demonstrado com o uso de partículas de tamanho micrométrico em adesivos eletrônicos, tintas e revestimentos resistentes a riscos. Os novos materiais nanocompósitos terão melhores propriedades térmicas, elétricas e mecânicas.

Tecnologia de informação eletrônica e aplicações óticas – Novas técnicas de nanomanufatura, como auto-organização molecular e litografia suave, poderiam ser usadas para criar novos padrões de circuitos com dimensões em nanoescala. À medida que os avanços previstos em computação acontecem, aumentos correspondentes na capacidade de memória e armazenamento são atingidos. Memória de acesso randômico magnetorresistiva, armazenamento de resolução atômica, dispositivos de tunelamento de um único elétron, e memórias não voláteis de alta densidade usando nanotubos de carbono estão entre as novas tecnologias em desenvolvimento. Finalmente, muitos grupos tentam desenvolver uma nova classe de componentes óticos, chamados elementos óticos em subcomprimento de onda, que aumentam a densidade, a funcionalidade e o nível de integração de sistemas óticos em *chips*.

Ciências da vida – Esse campo é a área que mais deve se beneficiar com os avanços da nanotecnologia. Por exemplo, são desenvolvidas tecnologias de liberação de drogas que aumentam a eficiência do medicamento, permitindo regimes de dosagens menos inconvenientes e melhorias no padrão de toxicidade. Pesquisadores também desenvolvem novas ferramentas de diagnósticos com maior sensibilidade e eficiência usando pontos quânticos. Outros estudos desenvolvem nanomagnetos que podem ser guiados para o ponto exato do corpo por meio de campos magnéticos externos.

O desenvolvimento futuro da nanotecnologia nessas categorias gerais é mostrado na Tabela 3-1.

A cronologia do desenvolvimento potencial de aplicações mais específicas está disposta na Figura 3-1. A chave para a realização que beneficia a nanotecnologia é a infraestrutura de pesquisa e desenvolvimento. Com predomínio global, os EUA têm o maior número de universidades e instituições de pesquisa relacionadas à nanotecnologia. Os 13 centros que foram reconhecidos como líderes mundiais nesse campo são:

- Universidade da Califórnia em Santa Bárbara, EUA;
- Universidade de Cornell, EUA;
- MITI em Tsukuba, Japão;
- Instituto Max Planck, em Berlim, Alemanha;
- Universidade da Califórnia em Los Angeles, EUA;
- Universidade de Stanford, EUA;
- Laboratórios de Pesquisa da IBM, EUA e Suíça;
- Universidade Northwestern, EUA;
- Universidade de Harvard, EUA;
- Instituto de Tecnologia de Massachusetts (MIT), EUA;
- RIKEN em Saitama, Japão;
- Universidade de Tóquio, Japão;
- Universidade de Würzburg, Alemanha.

capítulo **3** – caminhos para a realização

61

Tabela **3-1**
Linha do tempo para aplicação comercial

Oportunidades comerciais modestas		
Curto prazo **(< 3 anos)**	**Médio prazo** **(3-5 anos)**	**Longo prazo** **(> 5 anos)**
Instrumentação/ferramentas, simulações por computador	Instrumentação/ferramentas	Instrumentação/ferramentas
Nanomateriais (pós metálicos e cerâmicos, fullerenos e nanotubos de carbono)	Nanomateriais (pós metálicos e cerâmicos, fullerenos e nanotubos de carbono)	Nanomateriais (pós metálicos e cerâmicos, fullerenos e nanotubos de carbono)
Oportunidades comerciais importantes		
Curto prazo **(< 3 anos)**	**Médio prazo** **(3-5 anos)**	**Longo prazo** **(> 5 anos)**
	Ciências da vida (diagnósticos)	Ciências da vida (diagnósticos, tecnologias de blindagem e etiquetagem)
	Eletrônica/tecnologia da informação/ dispositivos óticos	Nanomateriais "inteligentes"
	Simulações computacionais	
Oportunidades comerciais grandes		
Curto prazo **(< 3 anos)**	**Médio prazo** **(3-5 anos)**	**Longo prazo** **(> 5 anos)**
	Ciências da vida (fornecimento de medicamentos)	Ciências da vida (fornecimento de medicamentos, projeto e desenvolvimento de medicamentos)
	Eletrônica/tecnologia da informação/ armazenamento de dados, microprocessadores	Eletrônica/tecnologia da informação/ (armazenamento, memória, dispositivos óticos, moleculares e computação quântica)
		Sistemas nanoeletromecânicos (NEMS)

Fonte: Pira International Ltd

No Reino Unido existe uma série de universidades ativas envolvidas com pesquisa em nanotecnologia. Em particular, as universidades de Bath, Cambridge, Glasgow, Imperial College, Newcastle, Nottingham, Oxford e Warwick têm apresentado resultados de atividades de comercialização. De interesse particular para a indústria de embalagens é o trabalho desenvolvido pelo professor Tony Ryan na Universidade de Sheffield. Sua equipe procura desenvolver materiais para embalagens que são capazes de responder a estímulos do meio ambiente pelo uso de nanotecnologia.

Figura **3-1**
Linha do tempo para desenvolvimentos potenciais

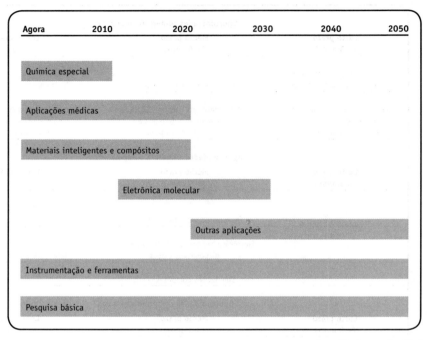

Fonte: Pira International Ltd

4

iniciativas
comerciais

Os EUA dominam em número de empresas (mais de 400) que operam no setor de nanotecnologia. Muitas dessas empresas baseadas em nanotecnologia existem como resultado da aplicação de manufatura e metrologia de alta precisão para a indústria de semicondutores. No entanto, nanomateriais são o foco principal da maioria das companhias de nanotecnologia que começam suas atividades nos EUA.

Muitas das novas empresas se estabeleceram como desmembramento de departamentos acadêmicos, a fim de encontrar rotas para a comercialização de novas pesquisas e desenvolvimentos. Outras são novas divisões de empresas bem estabelecidas que consideram a nanotecnologia rota para o desenvolvimento de novos negócios.

O avanço comercial da nanotecnologia avaliará a mudança do "cenário da empresa" alinhada ao sucesso ou fracasso dessas novas iniciativas. Muitas companhias já foram mencionadas no capítulo sobre aplicações. Os perfis de várias delas são descritos a seguir, a fim de que se reflita sobre a diversidade de origens e alcance das operações.

BASF

BASF Future Business GmbH é uma subsidiária da BASF Aktiengesellschaft. Isso se deve a um arranjo para pesquisa e desenvolvimento de novas áreas de negócios para o grupo BASF. Seu interesse está focado em novos materiais, tecnologias e soluções de sistemas relacionados com produtos químicos.

Suas áreas de interesse são:

- ▶ Superfícies funcionalizadas, por exemplo, autolimpeza ou propriedades especiais de molhabilidade.
- ▶ Descobrimento e acesso a novos procedimentos, produtos e sistemas do campo da nanotecnologia.

64

nanotecnologia em **embalagens**

▸ Desenvolvimentos adicionais de produtos levando-os até a maturidade mercadológica e abertura de novos mercados em colaboração com parceiros.

BASF Future Business GmbH

Rheincenter

Rathausplatz 10-12

67059 Ludwigshafen

Germany

T +49 621 60 76811

F + 49 621 6076818

W www.basf.de/de/futurebusiness/

California Molecular Electronics Corp.

A California Molecular Electronics Corp. (CALMEC) foi fundada em março de 1997 e incorporada no estado do Arizona. O objetivo da CALMEC é desenvolver comercialmente o campo da eletrônica molecular.

Uma consequência desse processo é ser proprietária da patente da tecnologia de chave de "Chiropticeno" e seu desenvolvimento. Essa chave é uma única molécula que exibe propriedades de chaveamento clássico. Uma das muitas e variadas aplicações esperadas para a chave molecular de "Chiropticeno" é em armazenamento de dados e, usando-a como elemento central, a CALMEC P&D desenvolveu o conceito arquitetônico para um dispositivo de memória tridimensional com o intuito de substituir os discos rígidos, *chips* de memória *flash* e sistemas de memória de massa para computadores. Inicialmente, essa arquitetura forneceu capacidade de 16 terabits (isto é, 2 terabites ou 2 trilhões de bites) de armazenamento de dados em um dispositivo do tamanho de uma polegada cúbica, proporcionando 34 vezes mais capacidade que os discos rígidos de 60 Gb atuais.

California Molecular Electronics Corp.

50 Airport Parkway

San Jose, CA 95110-1011

US

T +1 408 451 8404

F +1 408 437 7777

W www.calmec.com

Cima NanoTech

A Cima NanoTech é uma empresa de materiais avançados especializada na produção de dispersões de nanometal para tintas condutivas compatíveis com impressoras jato de tinta e revestimentos condutivos transparentes. O grupo de pesquisadores da empresa desenvolveu

capítulo **4** – iniciativas comerciais

métodos patenteados para consistência na manufatura de um grande espectro de partículas e de ligas de nanometais que formam plataforma tecnológica inovadora para produtos focados no desenvolvimento de eletrônicos. A sede da Cima NanoTech é em Minnesota, com a subsidiária NanoPowders Industries em Israel e voltada para a sua própria pesquisa, desenvolvimento e manufatura-piloto. A Cima NanoTech é resultado de uma fusão entre a divisão de nanotecnologia da Aveka Inc. nos EUA (ela própria *spinoff* da 3M) e da NanoPowders Industries of Caesarea, em Israel.

Cima NanoTech

1000 Westgate Drive

Suite 100

St. Paul, Minnesota 55 114-1067

US

T +1 651 6466266

F + 651 6464161

W www.cimananotech.com

Degussa

A Degussa Advanced Fillers & Pigments Business Unit é a única empresa que oferece mundialmente a importante linha de produtos de carbono negro, sílica e silanos, de uma única fonte. A unidade é fornecedora para tintas, acabamentos, vernizes, tintas para impressão e para indústrias de processamento de borracha e de plásticos. As vendas chegaram a 999 milhões de euros em 2002.

Degussa Advanced Fillers & Pigments Business Unit

PO Box 30 20 43

40402 Düsseldorf

Germany

T + 49 211 65 041 294

F + 49 211 65 041 543

W www.degussa.com

E Ink

A E Ink Corporation foi fundada em 1997 para criar a próxima mídia de comunicação visual. A tecnologia de monitores de tinta eletrônica da E Ink combina a experiência da leitura em papel com a habilidade de acessar informação a qualquer tempo. Sua tecnologia apresenta a imagem, a forma e a utilidade do papel, englobando liberdade de projeto, flexibilidade de manufatura, habilidade de leitura e portabilidade.

A sede da E Ink é em Cambridge, Massachusetts, e tem escritório no Japão, na região de Tóquio.

A E Ink fornece folhas de tinta utilizadas como tela frontal de monitores (FPL). As empresas associadas, em seguida, laminam a tinta eletrônica (FPL) sobre uma matriz ativa para formar uma "célula de exposição" que é então provida com *drivers* de circuito integrado e controladores para formar um módulo monitor.

E Ink Corporation

733 Concord Avenue

Cambridge, MA 02138

US

T + 1 617 499 6000

F +1 617 499 6200

W www.eink.com

Eka Chemicals

Em 1980, a Eka Chemicals AB criou o Compozil como um retentor microparticulado e sistema de drenagem. O desenvolvimento contínuo desse sistema levou à sua quinta geração, que é o mais novo sistema de tecnologia de nanopartículas.

Eka Chemicals AB

445 80 Bohus

Sweden

T +46 31 58 70 00

F +46 31 58 74 00

W www.ekachemicals.se

Evident Technologies

A Evident Technologies, Inc. é uma empresa de manufatura e aplicações de nanotecnologia que se baseia nos conhecimentos de nanocristais semicondutores para desenvolver dispositivos e produtos inovadores e efetivos. Seus produtos têm aplicabilidade em biotecnologia, chaveamento ótico, computação, telecomunicações e energia, entre outros campos.

A empresa aperfeiçoou o método da "química verde" para a produção em massa de nanocristais semicondutores de alta qualidade e baixo custo. Nanocristais semicondutores são pequenos cristais com tamanho no intervalo de 2 a 30 nanômetros ou, aproximadamente, de 5 a 75 átomos de diâmetro.

As propriedades dos materiais podem ser modificadas pela alteração da composição e tamanho dessas pequenas nanoestruturas. Incluem ainda absorção, fluorescência, índice de refração não linear, absorção não linear e efeitos eletro e magneto-óticos.

O produto líder é feito com nanocristais ou "EviDots" em vários solventes. O segundo produto trazido para o mercado é um biomarcador fluorescente baseado em molécula de "avidin" marcada com um nanocristal particular conhecido como a linha de produtos "EviFluor". Produtos futuros são dispositivos de teste de biologia molecular que podem detectar a presença e/ou a quantidade de um patógeno particular ou defeito genético. Microgrades da Evident, "EviArray", são baseadas em "EviDots" multiplexados coloridos, presos a oligossequências especificamente projetadas e presas em *chips* para formarem oligorredes pré-rotuladas.

Evident Technologies, Inc.

216 River Street, Suite 200

Troy, NY 12180

US

T +1 518 273 6266

F +1 518 273 6267

W www.evidenttech.com

Hybrid Plastics

A Hybrid Plastics, Inc. foi pioneira e continua a se especializar em projeto, manufatura e aplicação de Ferramentas de Química Nanoestruturada derivadas de uma classe de produtos químicos conhecidos como silsesquioxano oligomérico poliédrico (POSS).

A companhia foi fundada em 1998 como desmembramento de um laboratório de pesquisas da Força Aérea dos EUA para comercializar essa tecnologia. Quantidades do material de P&D foram vendidas imediatamente na comunidade global de pesquisa, diretamente ou por meio de empresas internacionais de química catalogadas. No início, os esforços da Hybrid Plastics estavam focados na redução de custos e na garantia da capacidade de manufatura da tecnologia.

Ela possui um portfólio de 150 compostos químicos nanoestruturados e novos compostos continuam a ser desenvolvidos regularmente. A linha de produtos da Hybrid Plastics inclui Sílicas Moleculares, Monômeros-POSS e Reagentes, Polímeros POSS, Resinas Nanorreforçadas e "FireQuench".

Em 2002, a Hybrid Plastics iniciou a expansão formal de suas dependências. Uma fábrica em escala comercial está sendo projetada e construída em Hattiesburg, Mississippi. Essa ampliação inclui o estabelecimento de um Centro de Serviços Técnicos e Suporte ao Cliente, além da expansão do laboratório de P&D e planta-piloto.

Hybrid Plastics, Inc.

18237 Mt. Baldy Circle

Fountain Valley, CA 92708-6117

US

T +1 714 962 0303

F +1 714 962 4024

W www. hybridplastics.com

Hyperion Catalysis

A Hyperion Catalysis International, Inc. foi fundada em 1982 com o propósito de desenvolver novas formas e morfologias de carbono para materiais e sistemas avançados. A tecnologia principal da Hyperion Catalysis é um nanotubo de carbono condutor multiparede produzido por crescimento a vapor, conhecido comercialmente como nanotubos "FIBRIL". Desde a descoberta original dos nanotubos de carbono, em 1983, a Hyperion Catalysis dedicou recursos substanciais para a melhoria da tecnologia da sua manufatura e aplicação.

A Hyperion Catalysis agora fornece nanotubos FIBRIL pré-misturados em uma variedade de plásticos para um crescente número de aplicações nas indústrias automotiva e eletrônica. Outras tecnologias são pesquisadas e espera-se que estas ampliem o número de aplicações em nanotubos de carbono.

Hyperion Catalysis International, Inc.

38 Smith PL

Cambridge, MA 02138

US

T +1 617 354 9678

W www.hyperioncatalysis.com

E info@hyperioncatalysis.com

IMEC

Em 1982, o governo belga iniciou um programa no campo de microeletrônica para melhorar essa indústria na região de Flandres. A decisão foi inspirada, por um lado, na importância estratégica da microeletrônica para a indústria e, por outro, por maiores investimentos, que são necessários para manter os desenvolvimentos no campo. O programa inclui a criação de um laboratório de pesquisas avançadas em microeletrônica (IMEC), o estabelecimento de fundição de semicondutores (anteriormente Alcatel Microelectronics, hoje denominado STMicroelectronics e AMI Semiconductor), e a organização do programa de treinamento para engenheiros de projeto VLSI, que está totalmente integrado às atividades do IMEC (INVOMEC & MTC, Microelectronics Training Center). A sua missão é fazer P&D, três a dez anos à frente das necessidades da indústria, em microeletrônica, nanotecnologia, métodos de projeto e tecnologias para sistemas ICT. O complexo tem extenso programa de desenvolvimento relacionado à impressão eletrônica.

IMEC

Kapeldreef 75

B-3001 Leuven

Belgium

T +32 (0)16 28 12 11

F +32 (0)16 22 94 00

W www.imec.be

Inframat Corporation

A Inframat Corporation (IMC) é uma empresa de tecnologia emergente, fundada em 1996 para desenvolver materiais nanoestruturados, melhorando seu desempenho, e estender a vida de componentes recobertos usando infraestrutura global. A empresa é suportada por US$ 8 milhões, principalmente por financiamento baseado nos consumidores, isto é, em contrato de P&D com o governo e parcerias de desenvolvimento corporativo.

O núcleo de patentes de nanotecnologia da Inframat é constituído de:

▸ Técnicas de química por via úmida, de baixo custo, para síntese de nanomateriais em grandes quantidades.

▸ Reconstituição de pós nanoestruturados como base para *spray* térmico de nanorrevestimentos, assim como o método "Solution Plasma Spray" (SPSTM).

As maiores atividades de desenvolvimento de produtos são nas áreas de:

▸ Nanorrevestimentos de *spray* térmico para revestimentos de barreira térmica (TBCs) e cerâmicas densas, resistentes ao uso, e nanorrevestimentos de metais duros.

▸ Nanocompósitos magnéticos com propriedades magnéticas superiores.

▸ Biodispositivos implantáveis, incluindo hidroxiapatita e biossensores.

▸ Aplicações para o meio ambiente, incluindo a substituição de cromo em revestimentos e catalisadores nanofibrosos.

▸ Manufatura de carbeto de tungstênio superfino (WC).

A planta-piloto da IMC é capaz de produzir cerca de 20 toneladas de nanopós para uma variedade de aplicações.

Inframat Corporation

74 Battersson Park Rd

Farmington CT 06032

US

T +1 860 678 7561

F +1 860 678 7569

W www.inframat.com

E info@inframat.com

NanoProducts

A NanoProducts foi fundada em 1994 com a perspectiva de desenvolver e comercializar nanomateriais e nanotecnologia relacionada. O seu foco é a produção de produtos de alta qualidade em quantidades comerciais e a preços comercialmente competitivos. Com dois

nanotecnologia em **embalagens**

processos operacionais, a capacidade de produção excede 100 toneladas por ano. Isso pode servir de escala para produzir maiores quantidades.

A equipe da NanoProducts enfoca nanotecnologia como ferramenta de negócios para desenvolver, melhorar e manufaturar produtos de alto desempenho e processos por meio da engenharia na escala dos átomos e moléculas. Ela emprega tecnologias patenteadas para produzir partículas em nanoescala que atualmente são manufaturadas em volumes comerciais.

NanoProducts

14330 Long Peak Count

Longmont, CO 80504

US

T +1 970 535 0629

F +1 970 535 9309

W www.nanoproducts.com

Nanocor

A Nanocor, Inc. é uma nova subsidiária operacional da AMCOL International Corporation. É o maior fornecedor global de nanoargila especificamente projetada para nanocompósitos de plástico. Na última década, a Nanocor desenvolveu tecnologias patenteadas para a produção de nanocompósitos de argila apropriadas para a incorporação em plásticos e tecnologias para a produção dos próprios nanocompósitos. A produção de nanoargilas começou em 1998 e já oferece uma variedade de produtos com a marca Nanomer.

Produtos da Nanocor melhoram barreira, resistência a chamas, propriedades térmicas e estruturais de muitos plásticos. Eles são usados não só para melhorar produtos existentes, mas também para prolongar sua ação a áreas anteriormente dominadas por metal, vidro e madeira. Os focos principais da companhia são os setores de construção, elétrico, embalagem de alimentos e transportes.

Nanocor, Inc.

1500 W. Shure Drive

Arlington Heights, IL 60031

US

T +1 847 394 8844

F +1 847 394 9040

W www.nanocor.com

Nano-Tex

A Nano-Tex, LCC, é uma empresa baseada em materiais avançados. Ela desenvolve e licencia uma família de tratamentos têxteis baseados em nanotecnologia que melhoram

capítulo **4** – iniciativas comerciais

consideravelmente o desempenho dos tecidos do dia-a-dia. A companhia licenciou sua tecnologia para 40 plantas têxteis ao redor do mundo e assinou acordos com mais de 25 empresas que lideram o mercado, incluindo Levi, Gap, Old Navy, Lee, Nike, Champion, Marks & Spencer e Simmons. Produtos melhorados pela Nano-Tex são vendidos por toda América do Norte e em locais selecionados do Reino Unido.

A Nano-Tex possui quatro tecnologias comerciais: Nano-Care, Nano-Pel, Nano-Dry e Nano-Touch.

Nano-Tex, LLC

Greensboro, NC, 27420

US

T +1 866 299 6266

W www.nano-tex.com

Nanomix

A Nanomix, Inc. produz sensores nanoeletrônicos em Emeryville, Califórnia, EUA. Esses sensores operam na intersecção entre os mundos molecular e macroscópico. Os elementos centrais, nanotubos de carbono, são moléculas individuais, nos quais contatos elétricos podem ser conectados. Em sua arquitetura proprietária dos sensores, as propriedades elétricas das moléculas são monitoradas macroscopicamente, pois respondem a mudanças químicas em nível molecular. A Nanomix demonstrou que sensores podem ser ajustados para responder seletivamente a uma variedade de produtos químicos, incluindo alguns difíceis de detectar por sensores tradicionais.

Comportam a vantagem do sensor pequeno, com baixo custo e baixa potência a muitos mercados. Em alguns desses mercados, produtos existentes hoje custam de US$ 100 a US$ 1.000 por sensor instalado. Os primeiros exemplos incluem detecção de vazamentos em instalações de plantas químicas, monitoramento da qualidade do ar em interiores e exteriores, e detecção de poluentes em água potável. Enfim, a tecnologia será aplicada à detecção biológica, incluindo monitoramento de sangue, ensaios de proteínas e detecção de patógenos.

Os produtos são desenvolvidos com importantes parcerias de segmentos diferenciados.

Nanomix, Inc.

5980 Horton Street

Suite 600

Emeryville, CA 94608

US

T +1 510 428 5300

F +1 510 658 0425

W www.nano.com

NanoTech Coatings

A NanoTech Coatings GmbH produz revestimentos de alta tecnologia capazes de promover uma adesão adequada com camadas secas de apenas alguns micrômetros de espessura. É uma área-chave para o desenvolvimento e produção de camadas não corrosivas para ligas leves, como as de alumínio. A empresa tem sua base em Tholey, Alemanha, e foi fundada pelo Dr. Georg Wagner em 2000, em um prédio com laboratórios que representaram o estado-da-arte mais avançado. O grande potencial científico da NanoTech Coatings GmbH permitiu à companhia o desenvolvimento de uma base de renomados consumidores internacionais durante seu primeiro ano de existência.

NanoTech Coatings GmbH

Dirminger Str 17

66636 Tholey

Germany

T +49 6853 4002 24

F +49 6853 4002 41

Nanoplex

Com base em resultados de mais de uma década de pesquisas, a Nanoplex Technologies, Inc. foi criada em resposta a necessidades não atendidas para etiquetagem submicrométricas em duas áreas de grande crescimento na economia mundial:

- Segurança da marca/controle da cadeia de suprimentos, em que o crescimento exponencial da habilidade de ler, escrever, guardar e manter dados está aquecendo a demanda para etiquetar itens anteriormente impraticáveis ou economicamente inviáveis.
- Pesquisa em ciências da vida, em que os campos de genômica e proteômica geram demanda rápida, detecção simultânea e medidas de múltiplas biomoléculas em uma variedade de sistemas biológicos.

Para segurança da marca/controle da cadeia de suprimentos, a tecnologia proprietária de Nanobarcodes (código de nanobarras) da Nanoplex é útil para aplicação de um número ilimitado de códigos legíveis por máquinas a itens difíceis de receber uma etiqueta, tais como têxteis, polímeros, pós, ou para etiquetar itens em que códigos de barras convencionais não sobreviveriam a processos destrutivos durante a produção ou nas condições do ambiente. Partículas de Nanobarcodes são também ideais como etiquetas para uso na redução do mercado cinza ou falsificações de produtos, desde equipamentos esportivos até remédios.

Em ciências da vida, a tecnologia fundamentalmente altera a aparência de testes biológicos, permitindo que um grande número de moléculas possa ser seguido simultaneamente em solução. Os enfoques anteriores eram muito limitados.

A empresa que controla a Nanotex é a SurroMed, especializada em biotecnologia.

Nanoplex Technologies, Inc.

1430 O'Brien Drive

Menlo Park, CA 94025

US

T +1 650 470 2300

F +1 650 470 2400

W www.nanoplextech.com

Nanosolutions

A Nanosolutions GmbH foi fundada pelo Dr. Stephan Haubold, em 2000, como um desmembramento do Departamento de Físico-Química da Universidade de Hamburgo. A companhia produz e desenvolve nanomateriais, e explora os produtos para aplicações comerciais.

Desde março de 2001 a Nanosolutions tem colaborado com a Bayer AG no desenvolvimento de marcadores biológicos projetados para monitorar moléculas a serem utilizadas em diagnósticos médicos.

Em abril de 2002, a Nanosolutions apresentou a impressora de segurança REN-Jet1001 na feira de negócios de Hannover. Esse foi o primeiro protótipo para impressão de segurança e sua tinta contém nanopartículas especiais compatíveis com os padrões de segurança mais severos.

Nanosolutions GmbH

Schnackenburgallee 149

D-22525 Hamburg

Germany

T +49 40/54 88 01 0

F +49 40/54 88 01 10

W www.nano-solutions.de

Nanospectra Biosciences

A Nanospectra Biosciences, Inc. foi criada em setembro de 2001 para comercializar aplicações de ciências da vida das Nanoshells, uma nova classe de materiais. As Nanoshells foram inventadas por Naomi Halas, Ph.D., e outros, na Universidade Rice na segunda metade dos anos 1990. Jennifer West, Ph.D., professora associada de bioengenharia na Universidade Rice, desenvolveu aplicações médicas das Nanoshells que levaram à formação da companhia.

A Nanospectra tem uma colaboração extensa com pesquisadores do MD Anderson Cancer Center, da Universidade do Texas, em Houston, para o desenvolvimento de aplicações em oncologia usando Nanoshells.

Nanospectra Biosciences, Inc.

8285 El Rio Street, Suite 130

Houston, TX 77054

US

T +1 713 842 2720

F +1 713 440 9349

W www.nanospectra.com

NanoScape

A NanoScape AG é um desmembramento do Departamento de Química da Universidade Ludwig-Maximilians, em Munique, e do Instituto Fritz-Haber, da Sociedade Max-Planck, em Berlim. Desde o seu lançamento, em novembro de 2001, a Nanoscape tem usado seu profundo conhecimento em tecnologia de nanopartículas de zeólita, carbonos e óxidos para permitir aos seus clientes vantagens competitivas em seus respectivos mercados, tanto nos EUA como na Europa.

NanoScape AG

Butenandtstrasse 11(E)

81377 Munich

Germany

T +49 89 2180 77608

F +49 89 2180 77622

W www.nanoscape.de

Ntera

A Ntera Ltd é uma empresa de nanotecnologia com sede em Dublin, Irlanda, fundada em 1997 com o objetivo de desenvolver e comercializar aplicações de produtos baseados em nanomateriais. Suas tecnologias e aplicações usam filmes nanoestruturados para produtos utilizados em telas e monitores. Os produtos de filmes nanoestruturados da Ntera usam o nome comercial NanoChromics. Um dos potenciais mais interessantes da tecnologia NanoChromics é a possibilidade de telas de processamento em substratos flexíveis e de baixo custo. Isso já foi demonstrado e o trabalho ininterrupto continua, a fim de prover produtos estáveis e com vida longa no futuro.

Ao contrário de LCD e outras tecnologias de monitores de emissão de campo, o NanoChromics funciona com corrente, ou seja, o desempenho da tecnologia é imune a *gaps* nas mudanças de células. Flexionar uma tela tem o efeito de aproximar os dois substratos e a necessidade de manter o *gap* nas células causa um significativo problema de engenharia para as tecnologias de emissão de campo. Telas NanoChromics funcionam perfeitamente quando flexionadas, sem necessidade de espaçadores, e são preferencialmente indicadas para aplicações flexíveis. Essa flexibilidade pode ser aplicada a todos os tipos de produtos:

telas, janelas e espelhos, desenvolvendo produtos como telas inteligentes, lâminas que controlam a luminosidade, aplicações em brinquedos e jogos, e finalmente telas de papel eletrônico.

Ntera Ltd

58 Spruce Avenue

Stillorgan Industrial Park

Co. Dublin

Irland

T +353 1 213 7500

F +353 1 213 7564

W www.ntera.com

E ntera@ntera.com

Plastic Logic

A Plastic Logic Ltd é uma empresa desmembrada do Laboratório Cavendish, da Universidade de Cambridge, com propriedade intelectual baseada em torno da impressão por jato de tinta usando polímeros. A companhia atualmente se concentra na aplicação de sua tecnologia para telas planas.

Além disso, é fornecedora de um pacote completo de plásticos condutores fornecidos por meio de padrões, procedimentos operacionais e licenças que permitem produzir escrita direta de circuitos eletrônicos onde houver necessidade ou aplicação. Isso indica que essa tecnologia pode ser usada em papelão, pelos produtores de embalagens de impressoras e impressoras de segurança, mas também é passível (como a própria impressão) de incorporação em linhas de produção de embalagem na fábrica em que os produtos são feitos.

Plastic Logic Ltd

34 Cambridge Science Park

Milton Road

Cambridge

CB4 OFX

T +44 (0)1223 706000

W www.plasticlogic.com

QinetiQ Nanomaterials

Esta empresa é um desmembramento da QinetQ – anteriormente DERA, o braço de P&D do Ministério da Defesa do Reino Unido. A QinetiQ Nanomaterials Ltd iniciou oficialmente suas atividades comerciais no início de 2002. Ela produz nanopós usando tecnologia de plasma desenvolvida pela Tetronics e da qual a QinetiQ Nanomaterials tem licença exclusiva de uso.

QinetiQ Nanomaterials Ltd
Cody Technology Park
X107 Building
Ively Road
Farnborough
Hampshire GU14 OLX
UK
T +44 (0)1252 393000
F +44 (0)1252 397184
W www.nano.qinetiq.com

Quantum Dot Corporation

A Quantum Dot Corporation (QDC) foi fundada em 1998. Ela desenvolve e comercializa novas soluções para detecção biomolecular. Os produtos e serviços da QDC usam partículas de pontos quânticos (Qdot), minúsculos cristais semicondutores, que emitem luz brilhante no intervalo de cores bem definidas. Essas partículas Qdot, de tamanho nanométrico, têm propriedades únicas e desejáveis para torná-las uma plataforma superior para detecção em biologia.

A QDC conseguiu levantar financiamento acima de US$ 37,5 milhões de grupos de risco, incluindo Versant Ventures, Abingworth Management, Technogen Associates, Schroder Ventures, Frazier & Co, MPM Asset Management e CMEA Ventures.

A QDC vende seus produtos de pesquisa diretamente, ou por meio de distribuidores, para consumidores em laboratórios de pesquisa em todo o mundo.

Com aplicações voltadas para pesquisas em ciências da vida, diagnóstico *in vitro*, imagem *in vivo*, os nanocristais Qdot estão prontos para revolucionar a detecção biomolecular.

Quantum Dot Corporation
26118 Research Road
Hayward, CA 94545
US
T +1 510 887 8775
F +1 510 783 9729
W www.qdots.com

Süd-Chemie

A Süd-Chemie, Inc. (SCI) é uma empresa especializada em várias químicas, além de indústria de minerais. A SCI produz catalisadores, adsorventes e aditivos para os mercados consumidores e industriais. Além de catalisadores, a SCI também manufatura aditivos reológicos, dessecantes, indicadores de umidade, minerais industriais e protetores de pele.

Süd-Chemie, Inc.

Munich

Germany

T +49 895110 248

F +49 895110 156

W www.sud-chemie.com

Triton Systems

A Triton Systems, Inc., fundada em 1992, nos EUA, é uma empresa privada de desenvolvimento de produtos e processos de materiais.

A Triton Systems explorou o desempenho potencial do conceito de novos materiais, tais como:

- combinações únicas de materiais, como compósitos híbridos;
- engenharia de propriedades de materiais em micro e nanoescala, como nanocompósitos.

Esses novos materiais formam a base para projetos de produtos inovadores para necessidades específicas dos clientes. Exemplos desses produtos com base em nanomateriais incluem:

- ORMLAS;
- NanoTuf, revestimentos avançados resistentes à abrasão;
- nanopartículas projetadas.

Esses produtos têm uso em:

- embalagem de alimentos e bebidas;
- embalagem de fármacos;
- calçados para esportes;
- lentes corretivas e de proteção solar.

Triton Systems, Inc.

200 Turnpike Road

Chelmsford, MA 01824

US

T +1 978 250 4200

F +1 978 250 4533

W www.tritonsys.com

5

desenvolvimentos
futuros

Parte dos princípios que definem a nanotecnologia já é praticada há alguns anos em áreas como modificação de superfícies por pigmentos de tintas (design) e aspectos da estruturação de medicamentos. Antes da denominação de nanotecnologia, os desenvolvimentos científicos e tecnológicos progrediram com sucesso, porém sem a relevância que recebe nos dias atuais.

A nanotecnologia se tornou um tópico de discussão muito difundido entre acadêmicos, na mídia, dentro da comunidade econômica e de investimentos, e em alguns setores da indústria. Apesar de o assunto ser tratado com grau excessivo de publicidade, sem dúvida alguns aspectos da área causam impacto significativo em várias indústrias e serviços. De fato, há argumentações de que a nanotecnologia causará a desorganização de muitas indústrias na forma como elas são atualmente.

A nanotecnologia viabiliza novos caminhos para obter produtos. Ela promete mais por menos: dispositivos menores, mais baratos, mais leves, mais rápidos e com maior funcionalidade, usando menos matéria-prima e consumindo menos energia.

Poucas indústrias escaparão da influência da nanotecnologia. Computadores mais rápidos, remédios mais avançados, liberação controlada de drogas, materiais biocompatíveis, revestimentos de superfícies, catalisadores, sensores, telecomunicações, materiais magnéticos e dispositivos são apenas algumas áreas que incorporaram a nanotecnologia. Muitas dessas áreas e aspectos de pesquisas em andamento têm influência nas indústrias de papel, embalagem e impressão, ou como rota para melhoramentos em processos e desempenho de produtos, ou mesmo para o desenvolvimento de produtos mais competitivos.

De fato, a nanotecnologia é considerada por muitos um enfoque radicalmente novo para a manufatura. Outros a julgam extensão natural de avanços em biologia molecular, ciência de polímeros e física. Quaisquer que sejam as origens, a nanotecnologia afetará direta ou indiretamente variados e amplos setores, de tal forma que não responder a esse desafio ameaçará a futura competitividade de muitas organizações.

Contudo, a crescente natureza multidisciplinar do assunto, e os limitados mecanismos para facilitar a transferência da ciência acadêmica para a indústria, são fatores que impedem o desenvolvimento da percepção industrial e do apoio à nanotecnologia.

Os altos custos de experimentação com tecnologia não usual, cobrindo uma vasta gama de disciplinas, dificultam para muitas empresas e, em particular, as envolvidas com papel, embalagem e impressão, perceber os benefícios que podem ser proporcionados pela nanotecnologia. No entanto, uma solução se faz necessária, pois é importante que a indústria se envolva e seja capaz de acessar e maximizar as oportunidades que lhe são oferecidas.